■ 竹内式・実践で役立つ「ざっくり思考」の４パターン ■

1「ざっくりと絵やグラフにしてみる」

・文字ではわからなかった問題の本質が見えることがある

【事例】プレゼンや結婚式など、急に人前でしゃべらなくてはいけなくなって心細い
⇒ざっくりと、しゃべる内容を絵やグラフにしてみる（全部書いて読むのは恰好悪い。箇条書きでもいいが、絵の方が多面的なので臨機応変に話せる）

2「ざっくりと仮説をたくさんあげてみる」

・仮説が少ないと間違った答えしか出てこない

【事例】身内が病気になったが病院で原因不明といわれて困っている
⇒より多くの仮説を検討してくれる病院にセカンドオピニオンをもらいにゆく（優れた医師は、患者の症状に合う仮説をたくさん用意し、検査で仮説を絞っていって診断につなげる）

3「ざっくりと桁で憶えてみる」

・数学が得意な人ほど、まずは桁で問題の本質を把握し、それから細かい計算を詰めてゆくことが多い

【事例】会議などで、いきなり数字を訊ねられて慌てた
⇒ざっくりと、桁で答えてしのぐ（「細かい数字は後ほど資料でお渡しします」と伝える。ふだんから桁だけ頭に入れておけば答えに窮することがない）

4「ざっくりとデータの分布や誤差を推定してみる」

・調査データには、必ず分布や誤差がある

【事例】セールスマンが平均の数字を出してきた
⇒元になった調査や誤差について詳しく訊ねる（平均では何もわからない。ふだんから
ータの分布や誤差を意識していると数字に騙されない）

ポリアの教え 25箇条

ステップ 1「問題を理解すること」

① 未知のものは何か探してみよう
② 条件を満足させうるか考えてみよう
③ 適当な記号を導入して図を描いてみよう
④ 条件の各部分を分離してみよう

ステップ 2「計画を立てること」

⑤ 前にそれを見たことがないか思い出してみよう
⑥ 似た問題を知っているか思い出してみよう
⑦ 役に立つ定理を知っているか思い出してみよう
⑧ 未知のものの詳細をじっくり見てみよう
⑨ 似た問題で既に解いたことのある問題を活用できないか考えてみよう
⑩ 問題のいいかえができないか考えてみよう
⑪ 迷ったら定義に返ってみよう
⑫ もっと一般化して考えてみよう
⑬ もっと特殊化して考えてみよう
⑭ 類推できないか考えてみよう
⑮ 問題の一部分だけでも解けないか考えてみよう
⑯ 条件の一部だけ残して他を捨てて未知の部分を浮かび上がらせよう
⑰ 手持ちのデータをすべて活用できたか考えてみよう
⑱ すべての条件を使えたかチェックしてみよう
⑲ 問題に含まれる本質的な概念をすべて考慮できたか確認してみよう

ステップ 3「計画を実行すること」

⑳ 解答の結果を実行に移す前に各段階を今一度検討してみよう
㉑ 各段階が正しいかどうか再確認してみよう

ステップ 4「ふり返ってみること」

㉒ 結果を試してみよう
㉓ 議論を試してみよう
㉔ 結果を別の方法で導けないかどうか考えてみよう
㉕ 他の問題にその結果や方法が応用できるか考えてみよう

(※G. ポリア『いかにして問題をとくか』の見返しに印刷されている内容を編集部でわかりやすいようアレンジして 25 項目にわけたものです。本書では【ポリアの教え①～㉕】の中から該当するものを適宜文中に明記しています)

数学×思考＝ざっくりと

いかにして問題をとくか

竹内　薫

丸善出版

はじめに

この本は、数学者ポリア『いかにして問題をとくか』（以下、「いか問」）の発想法にヒントを得て、理系読者だけでなく文系の読者やビジネスマンにまで、日常生活や仕事上の問題を解決する方法を提案するために書きました。

すでに芳沢光雄先生の『いかにして問題をとくか・実践活用編』が出ているので、本当は、いまさら私ごときが付け足すことなどないはず。それでも本を書いた理由は、思い切り敷居を低くして、文系読者やビジネスマンもふくめた、ほとんどあらゆる方々に、数学的な発想法の「妙」を味わってもらいたい、と考えたからです。

このように、本書は、原著の『いかにして問題をとくか』を避けて通ることができません。読者の多くは、すでに原著も芳沢先生の「続編」もお読みになっていることでしょう。でも、まだ原著をお読みになっていない読者のために、念のため、ポリアの人となりを交えて、ちょっと解説しておきましょう。

「いか問」は、半世紀にわたって世界中で読み継がれてきた名著です。この本の影響は計り知れず、世界各国で翻訳され、これまでに累計一〇〇万部以上が売れています。ノーベル賞受賞者にも愛読者がいます（たとえば、二〇〇〇年にノーベル物理学賞を受賞したロシアの物理学者ジョレス・イヴァノヴィチ・アルフョーロフ）。また、最近では、数学だけでなく、ビジネスにも使えるとの評判が立ち、日本でも異例のロングセラーになっています。

ポリアの「いか問」が、このように広く受け入れられた理由は何でしょうか。実は、「いか問」が書かれるまで、問題を解くための「発見法」については、あまり系統だった分析がなされていなかったことがあげられます。たしかに、哲学者・数学者デカルトの『方法序説』という古典もありますが、その中身は自伝風であり、また、デカルトが生きた時代は、現代のような科学技術全盛の世の中ともちがっていましたから、あまり実用的な方法論ではありませんでした。

ポリアは、数学という、論理が明快な分野での実体験を蓄積しながら、現代人に役立つ発見法の極意をまとめていったのです。

でも、私は、ポリアの人生そのものが「いか問」の下敷きになっていると考えています。（現在の）ハンガリーで生まれたポリアは、両親の影響で、ユダヤ教からカトリックに改宗しつつも、（神は知り得ないという）不可知論の立場を取るようになりました。彼は、スイスのチューリッヒ工科大学で数学者として教鞭をとり、スイスの市民権を得ていました（ちなみに、この大学はアルバート・アインシュタインの出身校でもあり、その長男のハンス・アルバートはポリアの指導で博士号を取得しています）。その後、第二次世界大戦の影響もあり、ポリアは一九四〇年にアメリカに移住し、スタンフォード大学で数学研究を続けました。

ポリアの人生は、さまざまな地域・言語・文化との接触の連続だったのです。彼は、さまざまな物の考え方に出会い、次第に、言語や文化を超えた、普遍的な「発見法」を見出していったのではないでしょうか。

本書の見返し（裏）にも、「ポリアの教え 25箇条」が載っています。問題を理解し、計画をたて、それを実行し、最後にふり返ってみる。大きな4ステップと細かい25箇条にまとめられたポリアの教えは、いま読んでも、新鮮味を失うことがありません。

というわけで、偉大なポリアの「いか問」の続々編を名乗るのは、少々、面はゆいのですが……私はこの20年間、データサイエンティスト、翻訳家、サイエンス・コミュニケーターとして、実社会で、さまざまな体験をしてきました。また、足かけ一〇年、アメリカやカナダで生活をしてきたので、日本以外の文化圏のことも、それなりに肌で知っています。ポリアほどでないにしろ、ここら辺で、竹内流の思考法についてまとめて、読者のみなさんにご覧いただいても、許されるのではあるまいか……そんな思いで、この本を書きました。

この本の原稿を読んでくれた丸善出版のKさんから「竹内さんの発想法って、数学思考だけど、一言でいうと、まずは『ざっくりと』見積もってしまえ、ですよね」と指摘され、一風変わった『数学×思考＝ざっくりと』という題名が決まりました。

心の師ポリアの名著には遠く及びませんが、読者のみなさんが思考法を磨くための一助となれば、著者として、これほど嬉しいことはありません。

いらっしゃいませ〜、いらっしゃいませ〜。それでは、早速、竹内流のざっくり思考の世界へ、ご案内申し上げます！

■目　　次■

数学×思考＝ざっくりと
いかにして問題をとくか

1

オーダー（規模）を把握してみよう

——フェルミ推定でざっくりと

オーダーを見積もることがフェルミ推定

「フェルミ推定」というのは、実は理数系ではずいぶん以前からよく使われている手法です。「フェルミ推定」という言葉は表には出てきませんが、「オーダー（order）」という言葉でよく議論されます。飲食店で料理を注文するときに使う「オーダー」という言葉には、「概算」とか「桁数」という意味もあるんです。たとえば、英語で「オーダー・オブ・マグニチュード」というと、おおよその大きさ、桁、という意味になります。

物理学系とか工学系の研究所や工場などでは、議論している事象の数字的な規模を議論する際、概算（見積り）してみることが非常に多いんですね。たとえば会議で皆で議論しているときに、その場で厳密に計算をしはじめたら時間がかかりすぎて、議論が中断してしまう。そのようなことが起こらないように、短時間で、ある程度の答えを求めて議論を先に進めたいときに、よく「オーダーで議論しましょう」という言葉を使います。

この「フェルミ推定」が、理数系から一般に広がったきっかけには、いくつかありますが、その一つは、アメリカのマイクロソフトやグーグルといった企業が、入社試験にこの手の問題を頻繁に出していたからのようです（なお「フェルミ推定」という言葉は、スティーヴン・ウェッブ『広い宇宙に地球人しか見当たらない50の理由――フェルミのパラドックス』（青土社）で初めて使われたみたいです）。

とにかくこの「フェルミ推定」、ずっと理数系の現場で使われていた見積りの方法だったのですが、近年、ビジネスのシーンで重宝されるようになってきました。

ビジネスパーソンは、たとえば新商品開発について会議で議論するとき、「これを買ってくれるお客さんは、どれくらいいるんだろうか」ということを、ある程度、読まないといけない。ただその数は、たとえば一〇万六〇五一人のように下一桁まで正確に読むことはできない。大まかに、この顧客は一〇万人くらいとか、この商品だったら一〇〇万人くらいとか、でも競合他社があるので食われちゃってその数字のせいぜい六割ぐらいだろう……、という具合にいろんな要素を加味しながら、その新商品が獲得できる市場シェアを迅速かつ正確にざっくりと推定しなくてはいけない（**【ポリアの教え⑭：類推できないか考えてみよう】**）。

その方法が実は、理数系の現場で行なわれていた「オーダーを求める」という手法とまったく同じなんです。要するに、**いくつかの手がかりになりそうなデータを元に論理的に推論し、短時間でざっくりと計算することが「オーダーを求める」ことなんです。**

伝説の物理学者エンリコ・フェルミの素顔

有名な物理学者といえば、ニュートン、アインシュタイン、ガリレオ……、湯川秀樹、朝永振一郎、……と名前が挙がりますが、ローマ生まれの伝説的な物理学者にエンリコ・フェルミがいます。

しかもフェルミは、物理学の歴史で一〇本の指に入るような、きわめて偉大な物理学者なんです。非常におもしろい人生を歩んでいるので、ここで少し紹介しておきましょう。フェルミはすごく幅広い人で、理論物理学者であると同時に実験物理学者でもありました。こういう人は、ほとんどいません。物理学者というのは、どちらかというと理論に強いか実験に強いかのどちらかなんです。

理論にすごく強い有名な大御所が実験の現場に来ると実験が失敗しちゃうとか、あるいは、すごく理論に秀でてノーベル賞を取ったような物理学者なのに、学生時代に必修科目の「物理実験」の点数が低過ぎて卒業が危うかったなんていう話もあるくらい。それほど理論と実験は相容れないものなんですが、フェルミは両刀遣いのスーパーマンだったんです。理論も実験も超一流だった。

放射性元素の発見で一九三八年にノーベル物理学賞をもらっていますが、ぶらりと「じゃ、ストックホルムの授賞式に行ってくるよ〜」といって、そのままアメリカに亡命しちゃった。その理由は、フェルミの奥さんがユダヤ人だったから。当時は、ナチスドイツが台頭してきていて、ムッソリーニに支配されていたイタリアも同盟国だったので、奥さんが捕らえられる危険があった。亡命したくても、これだけの頭脳の持ち主なのでイタリア政府が亡命を認めることはありえない。そこでフェルミは授賞式参加の機会を利用して亡命したわけです。

その後、アメリカに渡って、最初はコロンビア大学の教授になり、それからシカゴ大学の教授になったんですが、一九三八年にドイツでオットー・ハーンという人が核分裂の実験に成功したんですよ。この研究の元には、「ウランに中性子をぶつけるとウランより大きな原子核ができる」というフェルミ自身の研究成果がありました。ハーンの結果を聞いたフェルミは驚いて、本格的に核分裂反応の研究を始め、シカゴで「シカゴ・パイル1号」

という世界初の原子炉をつくりました。そして、原子核分裂の連鎖反応を世界で初めて制御することに成功したんです。その後、ロスアラモス国立研究所のアドバイザーとなって、原爆開発プロジェクトのマンハッタン計画においても中心的な役割を果たしました。

その後、戦争が終わって、今度は世界各国が水素爆弾の開発を始めたんですが、そのときは反対しているんです。戦争で実際にナチスドイツと枢軸国が世界を支配することに大きな脅威を感じたわけだから、それを阻止するために原爆の開発をしたんだけれども、結果的に原爆は日本に落とされ、何十万人という市民が犠牲になりました。ですから、もう戦争は終わったのに、さらに強力な爆弾を開発するということに関しては倫理的な側面から反対しているんです。

ピアノの調律師の数を求めてみよう

さて、そんなフェルミですが、いろいろな逸話が残っています。中でも、彼がシカゴ大学で学生に課していた問題が非常に有名です。

フェルミの問題　シカゴにはピアノ調律師が何人いるか？

なんで物理学科の学生にそんな問題を出すんだということですが、つまり、これがフェルミが非常に重視していた「オーダー」の考え方です。「ざっくりと桁を求める」感覚を磨いてもらうために、この問題を出したんですね。これにはいろいろな模範解答が出ていますが、その模範解答を覚えても何も意味はありません。考え方が重要なんです。

この「フェルミ推定」は、基本的に、その人の頭に入っている情報を駆使して、その間の関係をみつけて、論理的にざっくりと計算するということ。

ただ、模範解答がいろんなところに出ているのも事実なので、一応ご紹介しておきましょう（笑）。いきなりピアノの調律師が何人いるかというのはわからない。まず、問題を分離しないといけません（**【ポリアの教え④：条件の各部分を分離してみよう】**）。

当然、ピアノの台数や人口の数字が必要になってきます。シカゴの人口は、シカゴに住んでいる人なら誰でも知っている数字。昔の問題なので、これはざっくりと三〇〇万人と仮定しましょう。

次に、三〇〇万人は三〇〇万人なんだけれども、家が三〇〇万戸あるわけではない。家族で住んでいたりするわけですよ。そうすると一軒に一台みたいな話になってくるので、家が何軒あるかを推定しなくてはならない。一世帯当たり平均三人と仮定しましょう。次に、自分のまわりを見回してみて、大体一〇世帯に一台くらいの「桁」でピアノを所有しているとことがわかる。今だったらデジタルピアノも普及しすごく数は多いでしょうけれど、昔はピアノは非常に貴重だったので、一〇軒に一台くらい。

では、いったいどれくらいの頻度でピアノを調律するだろう。これはピアノを持っている人は知っているわけですが、だいたい一年に一回。多くても二回。うちにも昔、調律師の人が来ていましたけれど、調律って時間がかかるんですね。だから一日に調律できるピアノの数は三台が限度。また、ピアノの調律師はどれくらい働いているかということですが、三六五日働くわけではない。週休二日として年間二五〇日働くと仮定しましょう。

そういったもろもろのデータを頭の中に用意する。もちろん、どこか欠けていると非常に厳しい。だから人口三〇〇万人が全くわからなかったら最初から話にならない。なので、基本データの推定は慎重にやらないといけない。

ここで答えの計算をする前に、いったん立ち止まって、ここまでのステップが「もっともらしい」かどうか、検証してみてください（**【ポリアの教え㉑：各段階が正しいかどうか再確認してみよう】**）。

さて、ここからどう計算するか。まず、シカゴの世帯数の三〇〇万人を平均の三人で割って、ざっくりと一〇〇万世帯くらいと桁が計算できます。次に、ピアノは何台あるかというと、一〇〇万を一〇で割って、シカゴ全体で、ざっくりと一〇万台くらい。ということは、ピアノの調律はニーズとして年間に一〇万件必要ということになります。一人のピアノ調律師は一年間に二五〇日×三台で七五〇台くらい調律できる。すると一〇万台を七五〇台で割って一三〇人という答えが出てくるんですよ。だから三〇〇万人都市であるシカゴでは、ざっくりと百数十人のピアノ調律師がいるとうまく業界が回るという計算になる！（実際の数がどうなのかは、会議やミーティングの後に、業界団体に電話をかけたりして検証しないといけません）。

さて、この「フェルミ推定」が問題として出されたときに、八〇人という答えと、二〇〇人という答えが出てきたとしましょう。これはどちらが正しいのでしょうか？　実は、ある意味、両方とも正しいんですね。フェルミ推定はざっくりとした計算なんです。ただし、五〇人とか五〇〇人という答えが出てきたとしたら、ちょっと離れ過ぎかなという気がします。

フェルミ推定は、たくさんあるデータを関連づけていくんだけれども、誤差も生じてきます。三〇〇万人が実際は二八〇万人かもしれないし、三五〇万人かもしれない。あるいは世帯平均だって、三人かもしれないけれども四人かもしれない。そうやって自分の知らないデータを推測するしかないので、誤差が生じてしまう。

ところが、誤差というのは一般的に上に振れる場合と下に振れる場合があるんですよ。今みたいに五つとか六つのステップをへて掛け算とか割り算で計算していくと、各ステップで誤差がプラスになるときとマイナスになるときがあるので、最終的には意外と相殺されてしまうんです。これがフェルミ推定のおもしろいところなんです。ですから、すべてのデータをきちんと調べないとどんどん誤差が積もっていくと考えがちなんですが、必ずしもそうではないんです。最終的な結論のところでは、意外と誤差が相殺されてしまうんですね。

肉眼で見える星の数を求めてみよう

ざっくりとオーダーを求める問題には、いろんなものがありますが、ここでは次の問題を考えてみましょう。

フェルミ推定の問題 星がたくさん見える高原温泉地に泊まりに行きました。夜、空を見上げてみると、いつもの都会とは全然違う「満天の星空」。星がいっぱい輝いて見えます。では、いくつ見えているのでしょうか？

まず、天体望遠鏡じゃないと見えない暗い星は除きます。あくまでも肉眼で、いったいどれくらいの数の星が見えると思いますか？

この問題を読んだとき、何か手がかりになるようなものを思いつきましたか？

そう、もうおわかりのように、この答えの手がかりは「星座の数」なんです。星座の数というのは大昔から人間が目で見てきて、「星座早見表」というものもあります。よく知られているのは運勢とかに使われる一二星座ですが、現在、全部で八八個の星座がありま す（この数字を知らなかったら、ざっくりと一〇〇個くらいと推定していただいてかまい ません）。

次に、「一つの星座の中に、目視できる星はいくつあるんだ」と考えてみるのがいいで しょう。たとえばオリオン座なら、よく肉眼で見えている星の数は七個。でも、その周辺 には星がいくつも見えていますから七個で計算してはダメです。実際に数えてみると、な んとオリオン座やさそり座では一〇〇を越える星が肉眼で実測できます。カシオペア座で はよく見えている星の数は五個ですが、実際には九四個の星が肉眼で実測されています （昔の人はよくこれだけの数の星を肉眼で見つけたもんですね）。

すると一つの星座に対して、ざっくりと一〇〇個の星があると仮定できるので、星の総 数は八八〇〇個。北半球では、単純にその半分であるとすれば四四〇〇個が肉眼で見える という計算になります。

この数、どれくらい合っているのでしょうか？　実は、ものすごく星がよく見える場 所で、肉眼で六等星まで見えるとした場合には、全天で八六〇〇個の星が実測されてい ます。すると北半球では単純にその半分とすると四三〇〇個の星が見えることになって、

「フェルミ推定」の手法で概算した数字が、実測値とほぼ一致していることが理解できます。仮に星座数を一〇〇個と大きく見積もったとしても、「数千」という意味で、フェルミ推定の答えとしては上出来、ということになります。

髪の毛の本数を求めてみよう

では次に、その場でカンタンな実験をしてみて、オーダーを求める問題を考えてみましょう。

フェルミ推定の問題　髪の毛はいったい何本あるでしょうか?

実験といいましたが、髪の毛をぜんぶ数えるのは大変です（笑）。そこで、ここでは、サンプリング調査をやってみたいと思います。

①　紙にタテ、ヨコ各一センチの四角形を描いて切りぬく。

②それを頭に当てて、その領域内にある髪の毛うまく出して、そこに何本あるかを数える。

③頭の髪の毛の生えている部分（頭皮）を半円球と仮定して、頭の周囲を測り、その数字から直径を求め、表面積を出す。

すると、一平方センチあたりの本数に、頭皮の表面積をかければ答えが求まります。これは読者の皆さんにもに実際にやってもらえたらと思いますが、答えは大体一〇万本くらいです。ちなみに、私は頭頂部が禿げかかっているので七万本くらいかもしれませんが、フェルミ推定はざっくりとでいいので、私の頭髪も一〇万本ということにしておきます。なんて嬉しいことでしょう。

ビジネスの現場もこのようなサンプリングから全体（＝市場規模）を把握するという意味では、この頭髪の事例と発想は同じなんです。

私は職業作家なので、「この本は何冊売れますか？」「この本を買ってくれる読者はどれくらいいますか？」ということをよく考えます。本当はサンプリング調査を行なえば、フェルミ推定の手法でざっくりと数字が出せるでしょう。返品による売れ残りが防げて、販売効率や利益率も劇的に改善されると思います。しかし、残念ながら本の場合は、一冊売れたときの利益や販売総数の規模を考えると、サンプリング調査に投入できる資金はほとんどないのが実情です。日本の一〇倍くらいのマーケットがある英語圏だったら可能なのでしょうが……。なんて悲しいことでしょう。

日本の国道の総延長を求めてみよう

では次に「頭脳王」（日本テレビ系）というテレビ番組で実際に私が解説した問題をやってみましょう。

フェルミ推定の問題　日本の国道の総延長を求めよ

まず基本データとして、どうしても必要なのは、日本に国道が何本あるか、何号線まであるかということです。もう一つは、国道一本あたりの長さがどれくらいかという知識（これはざっくりと推定する必要があります）。この二つが大切になってきます。

実は、国道が何本あるかというのは、クイズ好きの人なら知っているようですが、意外と難しくて、正確には507号まであるんですね。でも、なんらかの理由で、なくなっちゃったり、統合されたりして、欠番が存在するので、実際の数は四五九本です。まあ、ざっくりと五〇〇本としておきましょう。

次に国道一本の長さですが、雑学として知っている人が意外といるんです。日本で一番短い国道は174号の一八七・一メートル、一番長いのは国道4号で七四三・六キロメートル。一番短いのは二〇〇メートル弱、一番長いのは七〇〇キロメートル以上。

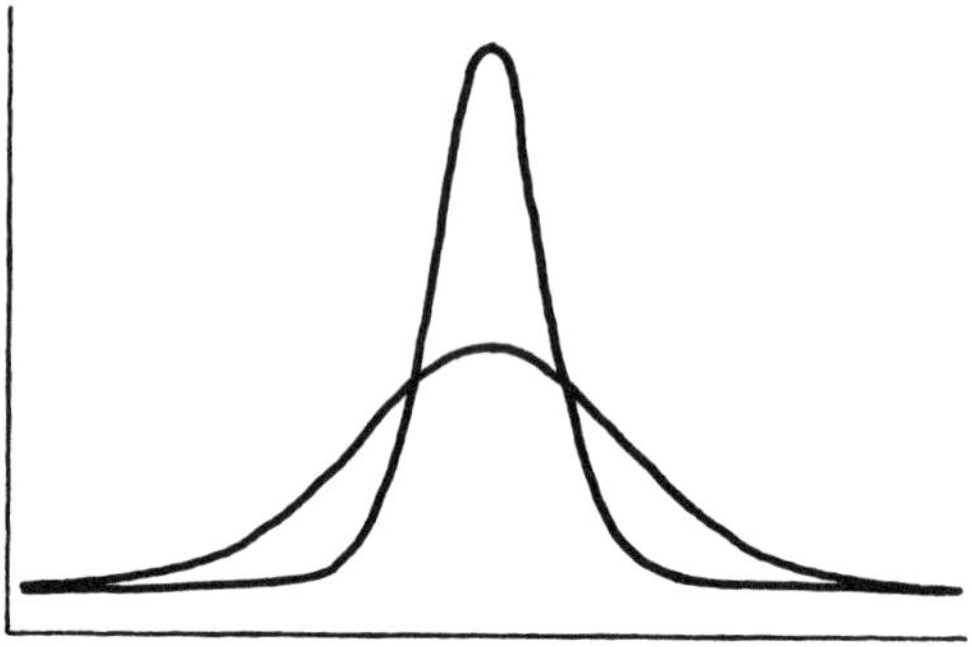

正規分布

ところが、この二つを平均してしまうと、片方があまりにも短いので意味をなさないんです。さあ、困りました。

ここでどうするかというと、各国道の長さの「分布」を推定する必要があるんです。短い国道のほうが多いのか、長い国道のほうが多いのか……。

学校の定期試験の得点分布、つまり真ん中が盛り上がっていて、赤点と満点の人たちは少ないという「ベルカーブ（鐘形曲線）」、つまり「正規分布」になっていれば、一番短いものと一番長いものの真ん中をとって約三七〇キロメートルとして全く問題がないんですが、国道の長さの分布はベルカーブじゃないんですよ。

実際の生データの分布はロングテール型が多い

世の中の多くの現象はベルカーブではなく、「ロングテール型」といわれるものです。ロングテール型は、非常に高い山のあとは急激に下がって、しっぽの部分が長く続くので、大型恐竜の形に喩えられることもあります。たとえば労働者の年収の分布も、低いところが多くて、億万長者なんてほんの一握りだから、ロングテール型に当てはまるんです。日本でも年間何十億も稼ぐ人もいるんだけど、そんな人はごくわずか。大部分の人の年収は三〇〇〜四〇〇万円ぐらいの間にあるので、まさにロングテール型です。

本の売上げもそうです。毎年、ミリオンセラーになる本は数点しかありません。ほとんどの本の売上げ部数は数千部から一万部ぐらいの間にあるんです。本の売上げ部数も典型的なロングテール型なんですね。実はロングテール型の分布になる事例は、身の回りにたくさんあり、まさに国道の長さの分布もロングテール型なんです。

　さて、国道の長さの問題を解くために、どうやってロングテール型の分布をイメージすればいいでしょうか。

　まず、日本地図をイメージしてみてください。日本の本州の横幅が大体二〇〇キロメートルですから、横方向に走っている国道に関しては、ざっくりと一〇〇〜二〇〇キロメートルぐらいだろうと推測できる（これはもちろん日本の地図を知らなければしようがないですけど）。また国道なので県をまたいでいるはず。

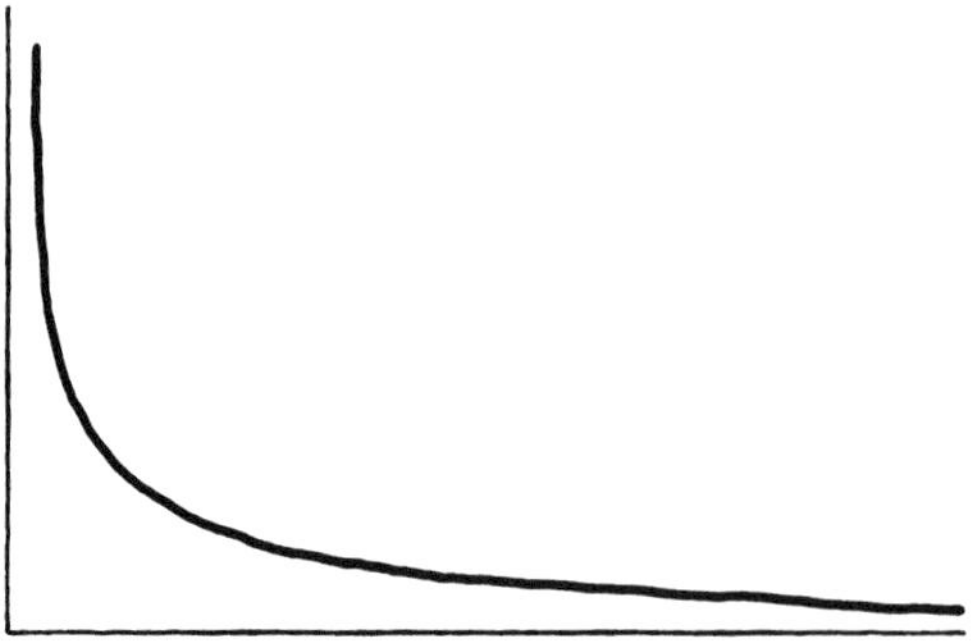

ベキ分布（ロングテール型分布の例）

県をまたぐということは、少なくとも一〇〇キロメートルぐらいはあるんじゃないかなとイメージできる。

　そうすると、一番長かったのが七四三・六キロメートルなんですが、一八七・一メートルというのは例外であって、大部分の国道は一〇〇～二〇〇キロメートルくらいの間におさまると推測できます。そこで小さいほうの一〇〇キロメートルで計算すると、先ほどの国道の数四五九を掛けて約四・六万キロメートル。大きいほうの二〇〇キロで計算すれば約九・二万キロメートル。その間に正解があるだとうと推定できます。

ここまでできれば上出来でしょう。正解は六万七四二七・三キロメートルだそうです（国土交通省道路局「道路統計年報２０１３」）。

すでに指摘しましたが、ここで陥りやすい間違いは、国道の平均の長さを単純に最小値と最大値の真ん中として、三七〇キロメートルで計算してしまうことです。そうすると一六・七万キロになってオーダーが一桁ズレてしまい、推測値としては妥当な範囲を超えてしまいます。

基礎データの性質をいかにうまくイメージできるか。つまり本当にその見積り方でいいのかどうか、一度立ち止まって考えてみることが大切なんです（【ポリアの教え⑳：解答の結果を実行に移す前に各段階を今一度検討してみよう】）。短絡的に最小値と最大値の真ん中の値を仮定して計算をすすめていったらオーダーが一桁違う数字になってしまいます。ここで紹介した例では、オーダーを見積もるときに、データの「分布」に注目できた

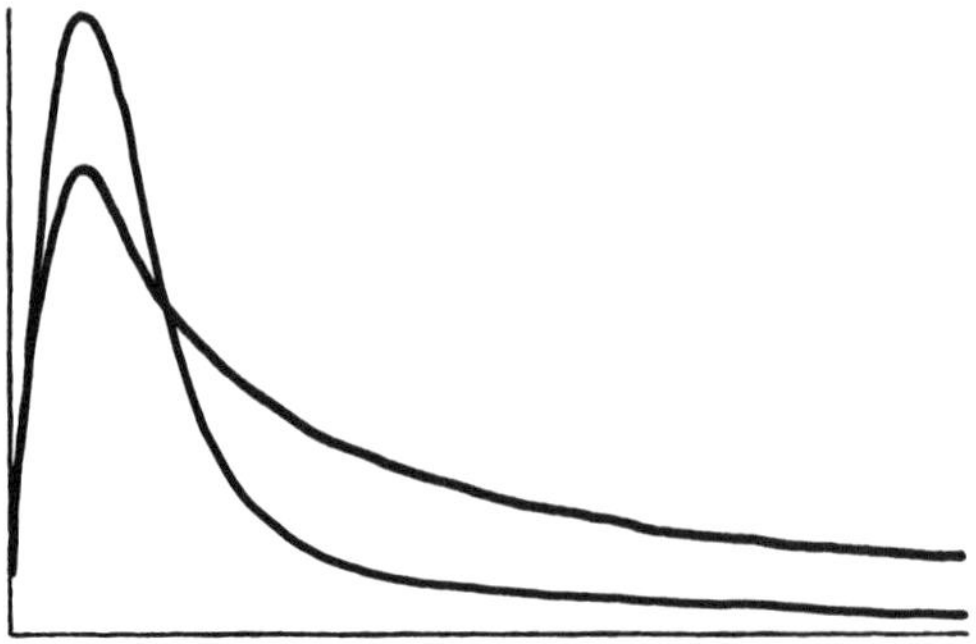

対数正規分布（ロングテール型分布の例）

かどうかがキーポイントで、このような気づきはビジネスの上でも重要なスキルといえます。

いま扱おうとしているデータにどのような傾向があって、どのような分布になるかがイメージできれば、ある程度、解答に近いオーダーの数字を算出することは可能なんです。

これから扱おうとしているデータの分布について、しっかりと把握できているか?――これが実は一番重要なポイントで、データを扱うのに慣れていない人の盲点でもあるんです。たいていの人は、どんな種類のデータであっても正規分布とみなしてしまう。だから「これらのデータの平均値はいくつですか?」と問われたとき、最大値と最小値を足して2で割って回答しちゃったりするんです。

実際に世の中で起こっている現象の多くは、ベキ分布や対数正規分布などのロングテール型の分布です。でも、学校の数学の授業では、正規分布しか教わらないことも多いんですよね。なんて悲しいことでしょう。

平均値の考え方

正規分布の考え方はものすごく浸透していて、われわれは皆、「平均値はいくつになるんだ」という議論をすることが多いんですが、その平均値を論じて意味があるのは、データの分布が正規分布（もしくは左右対称の分布）の場合だけなんです。ロングテール型の分布をしているときは、「平均値」と「最頻値（最も数字の大きいところ）」の間には大きなズレが生じます。

たとえば、一人当たりの平均貯蓄金額というのも、ごく少数の大富豪が引っ張り上げる一方で、収入のない人もいるわけで、実態とかけ離れた意味のない数字になってしまっているんです。

そうなってくると、平均値というのは実態をあらわす指標になりえないことも多いんです。平均値だけで物事の判断をすると誤ってしまうこともありうる。

だから扱うデータの「分布」をちゃんと把握した上で、必要とする数字の計算ができる

ことがとても大切なんです。 中央値がどこで、平均値がどこで、山のピーク（最頻値）がどこで、データの散らばり具合はどうか……などを把握しておくことが重要です。

『いかにして問題をとくか・実践活用編』を書かれた芳沢光雄先生も講演で次のようなお話をされていました。「数学の試験をすると、上のほうと下のほうにそれぞれ山ができることがあるんですね。数学という科目は、できる人はできる、できない人はできない科目なんで、平均点を取る人の数が一番多いとは限らないんです。だから正規分布が当てはめられないこともあるんです」と。

統計分布の重要性については、第7章にも書きましたので、そちらも参考にしてみてください。

フェルミ推定で実際に問題を解いてみよう

ではここで、頭の体操として、次のような問題にチャレンジしてみてください。

まず、基本情報（数字）として、最低いくつの情報が必要になるか、考えてみてくださいね。

・全世界におけるインターネット利用者の数はどれくらいか？
・スマホやケータイを枕元に置いて寝ている人の割合はどれくらいか？
・山手線は同時に何本の電車が走っているか？
・東京都内にあるマンホールの総数はいくつか？
・地球上の植物の重さはどれくらいか？
・地球上にアリは何匹いるか？
・地球上の微生物の重さはどれくらいか？

あれ？　巻末を見たけれど答えが載ってないゾ～。読者の怨嗟の声が聞こえてきそうですが、大切なのは答えじゃないんです。また、途中のステップも、私が書いてしまったら意味がありません。読者が、ご自分の頭で、ざっくりと考えてみることが大切なのです。そのプロセスこそが楽しいのですから（欧米の数学や物理学の教科書には、練習問題の答えが載っていないことが多いんです。答えがあると絶対に見ちゃうとわかっているのでしょう）。

2

地球の「皮」は どれくらい厚いか 考えてみよう

——スケール感でざっくりと

いきなりですが、「地球の絵」というテーマが与えられたら、みなさんはどのように描きますか？

私は、人工雪の製作に世界で初めて成功した中谷宇吉郎博士（一九〇〇～六二）の『科学の方法』（岩波新書）という本で、正しいスケール（縮尺）で描かれた地球の絵を見せられたとき、びっくり仰天しました。ええ？　これが本当の地球の姿なの？　と。

地球の絵を描くという簡単な問題なんです。ただし、富士山も忘れずに描いてください。地球の表面には凸凹《でこぼこ》があるじゃないですか。それも、正しいスケールで描いてくださいね、という問題なんです。さあ、困りました。地球をＡ４の紙の大きさに縮めたら、富士山の高さはどれくらいになるのでしょうか。

イメージがわかないなら、計算してみればいいんです（**【ポリアの教え⑧：未知のものの詳細をじっくり見てみよう】**）。すると、地球の赤道半径が六三七八キロで、富士山の標高は三・七七六キロ。ざっくりと六〇〇〇に対して三の比率です。これをＡ４の紙の上に描こうとすると……なんと、富士山は鉛筆の線の幅の中に入っちゃう（ちなみに鉛筆の線の幅を〇・五ミリとすると、それは一一〇キロに相当します）！

だから、地球をちゃんと描け、といわれた場合、山とか海の海溝とかも全部描こうとしても、やることは同じで、ただ、グルっと鉛筆で円を描くだけなんですね。ハイ、それでおしまい（笑）。

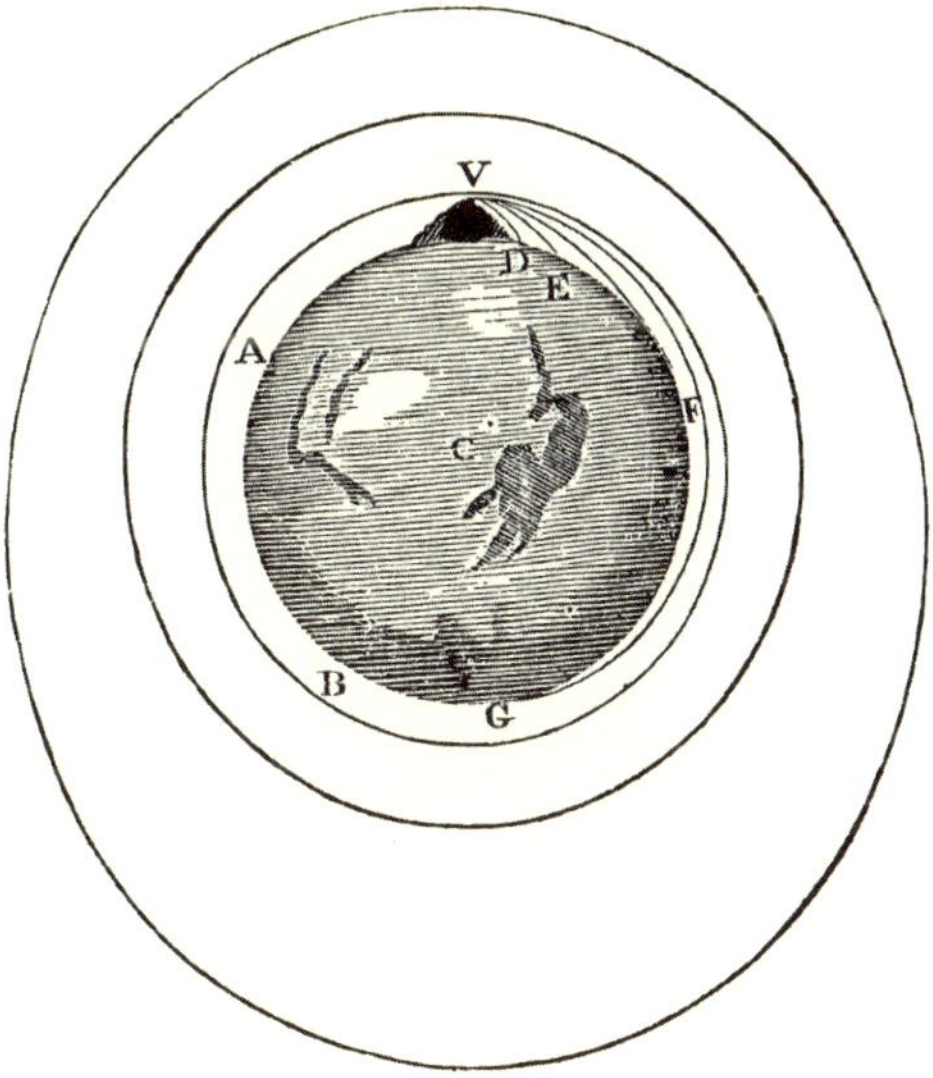

ニュートンが描いたといわれる図

この問題、科学をやっている人のほうがまちがえやすいかもしれません。その理由は、ニュートンが描いたといわれる図の存在です。地球の上に山があって、そこからどんどんスピードを速くして物を投げると、段々到達距離が遠くなって、しまいに人工衛星になりますよ、という図があって、よく力学の教科書に載っています。それを知っていると、何となくイメージとして、山がちゃん

基礎データ：赤道半径と太陽からの距離（長半径）

	赤道半径*1（km）	太陽からの距離：長半径*2（× 10^8 km）
太陽	**696,000.0**	—
水星	2,439.7	0.579
金星	6,051.8	1.082
地球	**6,378.1**	**1.496**
火星	3,396.2	2.279
木星	71,492.0	7.783
土星	60,268.0	14.294
天王星	25,559.0	28.750
海王星	24,764.0	45.044

（国立天文台編『理科年表 平成 26 年版』p.78-79 から抜粋）

*1 赤道半径：恒星や惑星の中心と赤道を結んだ長さ
*2 長半径：太陽や惑星を周る天体がとる楕円軌道の長軸の半分

と見えると思ってしまう。でも、実際に計算してみると六〇〇〇対三なので、もう鉛筆の誤差（線の幅）の範囲に入っちゃう。

ここから広げていくと、太陽系を正しいスケールで描け、というのも面白い問題です。たとえば太陽を直径一センチにしました。そうしたら地球はどれくらいの距離にあって、大きさはどれくらいでしょう。ここに『理科年表』からとってきた太陽系のデータがあります。この数字をもとに紙の上に描いてみてください。太陽から始めて土天海まで、ちゃんとしたスケールで描いてみてください。

実際にやってもらう前に、一言だけ注意しておきますが、最初に太陽をいい加減な大きさで描いてしまうと、太陽系全体は紙におさまらなくなっちゃいます。

「太陽」という名前は知っている。それから惑星の名前も「すいきんちかもく、どってんかい」と、全部知っている。でも具体的に、どのような距離に並んでいるか、そして、どれくらいの大きさなのかという話は、ほとんど誰も知らないはず。地球や太陽系を正しいスケールで描いてみるだけで、**これまで全然見えてなかったことが見えてくるんです。**

国際宇宙ステーションはどこにいる

もう一つやってみましょう。国際宇宙ステーションは、九〇分で地球一周するわけですが、宇宙のどこら辺にいるのでしょう?

数字上は、四〇〇キロくらい上空を飛んでいます。実は、四〇〇キロって、そんなに遠くないんです。なんと、直線距離では、ざっくりと東京から新大阪くらいなんですね。ちょっと曲がっている新幹線の線路の長さで計算すると名古屋あたり。だから、宇宙を飛んでいるといっても、意外と近いんです。もちろん、横ではなく縦に昇っていかなくてはならないので、サラリーマンの出張と同じ、というわけにはいきませんが。

宇宙つながりで、お次は人工衛星の問題です。たとえば、気象衛星ひまわりのように、地球の自転と一緒に動いていて、地上から見ると常に静止している衛星がありますよね。それはどこら辺にいるのでしょう？

さっき、国際宇宙ステーションが一時間半で一周するといいましたが、今度は二四時間で一周するような軌道なので、随分と遠くなります。それは、ざっくりと三万六〇〇〇キロくらい。これは、さっきの四〇〇キロと比べると桁違いに大きい。では、国際宇宙ステーションと気象衛星ひまわりを正しいスケールで図に描いてみてください。

さて、その先には月があります。月までは三八万キロ。ざっくりと気象衛星（静止衛星）の一〇倍のところにある。いかがでしょう？　A４の紙の上で太陽系全体を俯瞰する場合には、地球は点になってしまうし、月も地球の点に含まれてしまいますが、スケールを変えて図を描き直すと、途端に「見えてくる」ものがあるのです。

こうやって、さまざまな世界で宇宙や地球の図を描いてみると、いかに我々人間が「球面上に張りついて生活しているのか」が、わかってきますよね。東京スカイツリーの展望台なんか、随分とエレベーターで上がったような気がするじゃないですか。でも、地球規

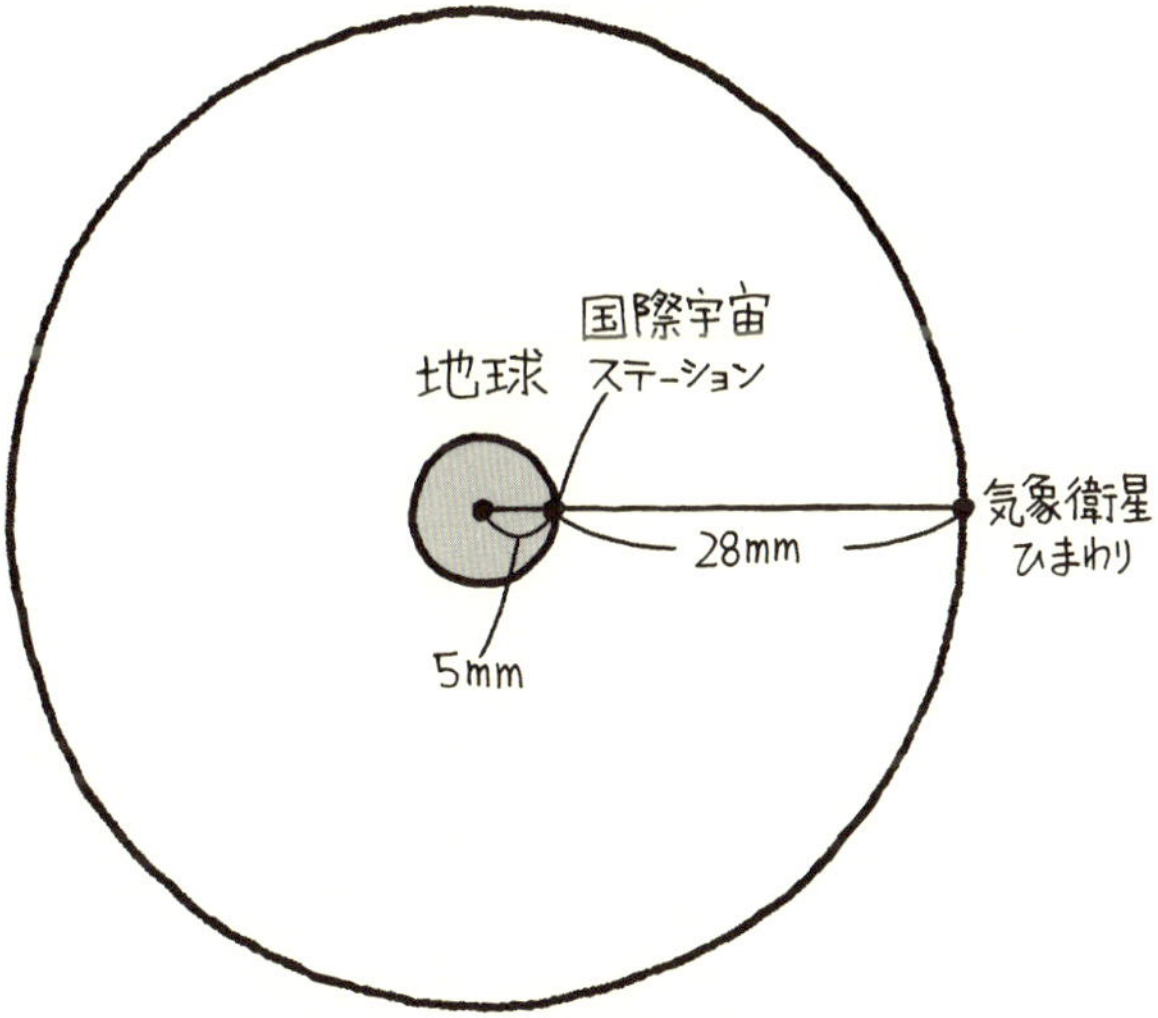

地球の半径 6378kmを5mmとすると、国際宇宙ステーションは地上0.3mm
（地球を描いた円の線の幅の中に含まれる）、気象衛星ひまわりは
地上28mmの軌道上に存在することになる

地球の半径を５ミリとして国際宇宙ステーションと気象衛星ひまわりの軌道を描いてみると

模のスケールで見ると、ほとんど上がっていない。なにしろ、鉛筆の線の内側のほうですからね。富士山に登頂して「ヤッター」と叫んでみても、まだ鉛筆の線が越えられないんだから、人間が活動している範囲なんぞ、完全に鉛筆の線の中。よく井の中の蛙といいますが、それと同じで、線の中の人間。

いや、線というのは

絵の中に地球を押し潰したからです。人間は、ホンモノの地球の表面、平面、つまり幾何学的には二次元の動物なんです。ほとんど三次元の高さのほうに進出して行けていない。ほら、アリが地面を這っているじゃないですか。宇宙から見た人間は、人間から見たアリと同じ境遇なんです。

図を描くことで物の見方はガラッと変わります。地球のスケールと比較した場合、我々は三次元ではなくて二次元に「張りついて」暮らしていることがわかるのです（【ポリアの教え③：適当な記号を導入して図を描いてみよう】）。

ディメンションで考える：二次元生命体と一一次元の宇宙論

ところで、二次元といえば、E・A・アボット（一八三八～一九二六）という人が書いた『フラットランド（Flatland: A Romance of Many Dimensions）』という古典的SF小説があります。完全な幾何学的な二次元世界に行ったらどういうことになるだろうというストーリーです。

人間はぺしゃんこじゃありませんから、擬似的にフラットランドの住人なだけですが、数学的に厳密にフラットランドの住人だったらどうなるのでしょうか。いいかえると、紙の平面から全く出られない生物だったらどうなるか。ちょっと考えてみてください。いったい、どんなことが起きるでしょうか。

【問題】完全なフラットランドの住人にはどんなことが起きるか？

まず、物を食べるのが難しくなります。どうしてだと思いますか？

これも絵を描いてみるとすぐに理由がわかります。まず口があって、食道があって、胃があって、消化して、最後、お尻からウンチが出る。これがどうなるか、図を描いてみてください。ええと、魚か何かの図でもかまいません……。魚の口からお尻まで管を通してみてください。この二次元の魚はどうなるでしょう。口から物を食べると、それは魚の身体の真ん中を通って、お尻から出ますよね。でも、今は二次元の紙の世界に閉じ込められた魚なんです。だから、食道や腸などの「管」も、単に線が二本あるだけ。ということは……そう、なんと、二次元の魚に口と食道と腸とお尻の穴があるとすると、真っ二つに割れちゃう！

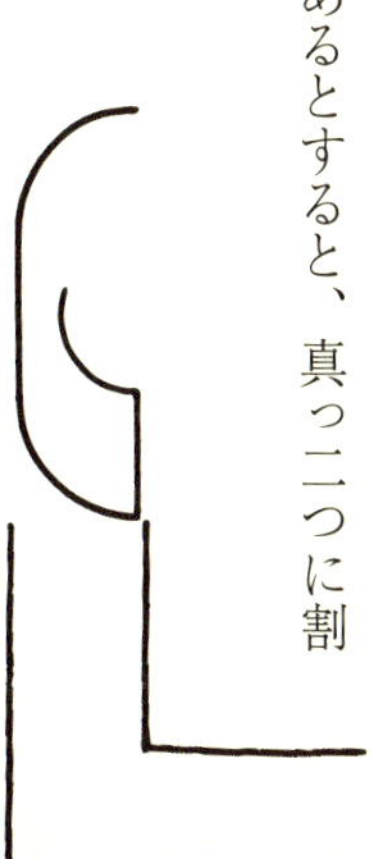

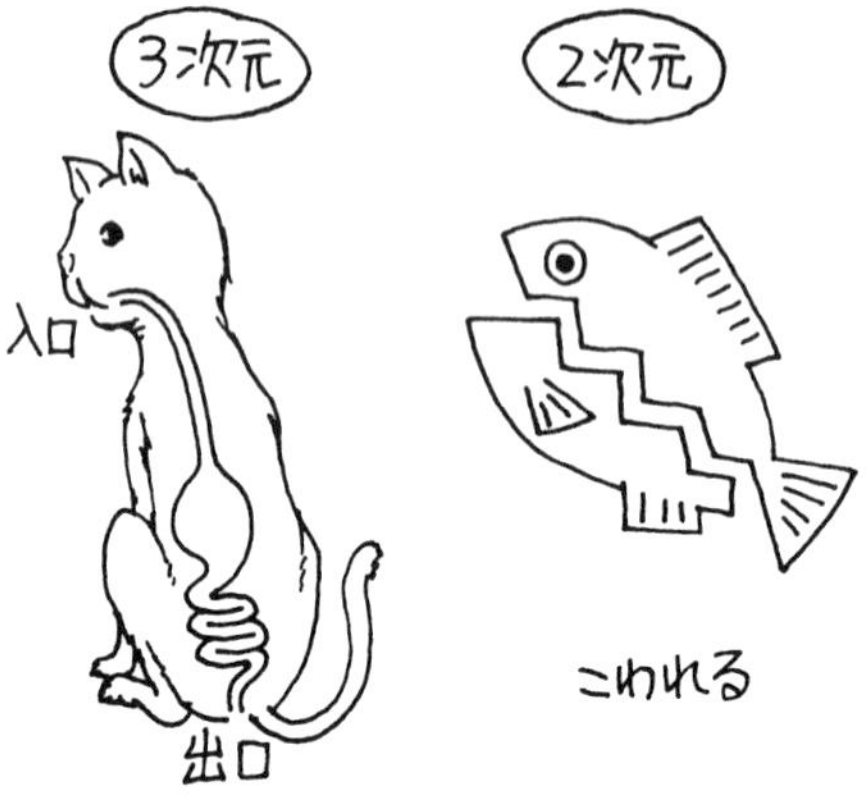

2次元動物と3次元動物

二次元の生命体がもし何か食べるとしたら、アメーバみたいに自分の体で食べ物のまわりをくるんで、取り入れて消化するしかない。完全に自分の体をグニャグニャにして相手を取り巻くということしかできない。

スケールだけでなく、こうやって次元を変えることでも、また世界は大きく違って見えてきます。次元というのは、もっとやさしい言葉に翻訳すると「広がり」。この広がりを変えることによって、新たなものが見えてくる。

さて、仮にアメーバみたいな二次元生物が実在したとします。彼らが突然、あるところにワープしちゃう。つまり、いきなり消えて、どこか別のところにあらわれる現象があったとします。これはいったい何でしょう?

答えはカンタンで、三次元以上の生物がフラットランドの住人をつまんで、別の場所にポンと置いたんです。でも、二次元に閉じ込められた生き物からすると、突然消えて、どこかにあらわれたように見える。実際には、三次元を通って別のところに連れて行かれただけなんだけれど、二次元しか存在しない生き物にとっては「ワープ」なんです。

となると、三次元の人間が、ＳＦ映画でワープした、といっているのは、四次元（もしくはもっと高い次元）の空間に出て、ふたたび三次元のどこかに戻ってきた、ということなのでしょう。

　物理学者は、こうやって「次元を変える」のが大好きです。いまや、宇宙論をやっている人たちは、「宇宙は一一次元だ！」と主張しています。一一まで次元を広げて考えると、いろいろなことが見えてきます。たとえば、一つの素粒子に働く重力はものすごく弱いことが知られていますが、その理由も、宇宙が一一次元だと考えると説明がつきます。電気や磁石などの力は三次元の空間に閉じ込められているのですが、重力は、もっと高い次元まで「染み出している」というのです。つまり、われわれの世界から外に漏れているために、重力は弱いのだと説明できてしまうんです。いやはや。

　それにしても、人間の脳は、せいぜい三次元の映像しか思い浮かべることができません。物理学者たちは、いったいどうやって一一次元の宇宙をイメージしているのでしょう？

実は、物理学者たちも、基本的には、一一次元の宇宙をそのまま思い浮かべることはできません。でも、ざっくりと「断面」を見ることはできます。断面とは、その名のごとく、断った面、いいかえると、切った面のこと。宇宙が一一次元あったとして、それをスパッと切ります。一回切ると、それは一〇次元の断面です。もう一回切ると九次元の断面。そうやって、たくさん切っていくと、最終的に、お馴染みの二次元の断面が出てきます。たくさんの違う切り方をしてみて、断面をたくさん観察してみれば、しまいに、もともとの一一次元の「構造」が理解できるのです。高い次元が出てきても怖がらず、自分が理解できる次元まで落としてみればいい（**【ポリアの教え⑯：条件の一部だけ残して他を捨てて未知の部分を浮かび上がらせよう】**）。

グラフなんかも同じようにして攻略することができます。「三次元のグラフが出てきて意味がわからない！」というときは、どこかでざっくりと切れば二次元のグラフになって、理解できるじゃないですか。たくさんの断面で切っていくと、なんとなく全体像がわかってくる。断面をつくって、自分がわかる次元にまで落とす。この分析法は、まさにデカルトのいう「分割して攻略せよ」を地で行っていますね。

グーグルが入社試験問題で問うスケール感覚

グーグルは試験問題を公開してないのでもちろん「公式」ではないんですが、実際にグーグルの試験を受けた人が、「私はこういう試験を受けました」と、ネットで公開しています。そこにこんな問題がありました。

「いきなりあなたの体がコインの大きさになってしまって、ジューサーの中に放り込まれました。早く逃げないとあなたは死んでしまいます。さあ、どうしますか」という内容の問題です。実は答えは簡単――なんと、ピョンと飛び出ればいいだけ！　いったいなぜでしょう？

コインの大きさになっちゃったら、ジューサーの底は結構深い。すると自分の身長の十数倍も飛ばないといけないから、普通の人は出られないと思ってしまう。

ところが**スケーリングの考え方を知っている人は、自分の体がそれだけ小さくなったときに自分はどれくらいの高さまで飛べるか計算できるんです。**スケール感覚とは、そういった話です。

この問題を突破して、グーグルに入社するためには、「スケールが変わったために飛び上がれる高さも変わりました。もちろん体重も小さくなったんですが、筋力その他は物理法則にのっとってスケールされるはずです。そうすると、小さくなった私の能力では、そのジューサーからピョンと飛び出るのは容易です」と答えれば満点に近いと思います。

ではついでにここで、そういった問題の計算例をいくつか挙げてみましょう。

これは実際に物理学の授業であったんですが、先生が黒板にアリの絵を描いたんですね。小さな下手なアリの絵を。そして次に、その一〇〇倍の大きさのアリの絵を描いたんです。「この小さなアリが一〇〇倍の大きさになりました。キミたちを襲おうとしている。さあ、どうする?」という質問を、物理学の授業で先生がまじめにしたんです。

先生が子どものころに「巨大アリの逆襲」みたいなＳＦ映画があったらしいんです。それについて物理学ではどう考えるか、という問題。

まず、身長が一〇〇倍になります。ざっくりと体の表面積は、その二乗の一万倍。体重もざっくりと三乗と考えて一〇〇万倍。するとどうなるか……そのアリはつぶれちゃう！体重が一〇〇万倍になっているのに体の表面積が一万倍ということは、皮膚の強度が足りない。中身を支え切れないので、つぶれちゃう。アリは巨大化したらつぶれちゃうから襲ってきませんよ、というのがオチです。

次元解析とスケーリング

これはテレビで見た例ですが、カブトムシが竿を引っ張っていたんです。そうしたら解説をしているアナウンサーが、「体重一〇グラムのカブトムシが重さ二〇〇グラムの竿を引っ張っているということは、人間でいえば、体重六〇キロの人が重さ一・二トンの物体を引っ張っているのと同じ！」と非科学的なことをいっていました。スケーリングの発想を知っている読者のみなさんは、この議論のどこが間違っているか、もうおわかりでしょう。

体重は人間とカブトムシとでどれくらい違うかというと、ざっくりと六〇〇〇倍違う。ここで考えなければならない問題は、体重が六〇〇〇倍になったとき、その生物がどれくらいの力を出せるか。力も六〇〇〇倍になるのでしょうか？　これは「次元解析」の考え方を援用して考えてみるといいでしょう。

たとえば、重さはキログラムという単位をもっています。時間は秒という単位をもっています。加速度は「メートル毎秒毎秒」だから、長さを時間で二回割った次元をもっています。次元（いいかえると単位）だけに注目して物理の方程式を考える手法を「次元解析」といいます。

で、カブトムシと人間が出す「力」はどういう次元をもっているか。学校で「F＝ma」と教わりましたよね？「F」は「力」で、「m」は「重さ」、「a」は「加速度」。今、「重さ」というのは重さの単位をもっていて、「加速度」は長さを時間で二回割った単位をもっているので、「F：力」は、「重さ×長さ÷時間÷時間」ということになります。

体重については六〇〇〇倍違う。身長も、カブトムシが八センチとして、一六〇センチの人間とは二〇倍違う。あとは時間ですが、いわゆる体内時計がどうなっているかについて考慮しなければならないんです。人間の心拍と考えてください。カブトムシがもっている心拍数って何なんだ、ということになるんですが、カブトムシがもっている時間の感覚と捉えてみてください。

それがどうなるかというと、生物学の教科書には、ざっくりと体重の四分の一乗に比例すると書かれています。つまり、「時間」は重さの四分の一乗。最後に、重さは身長の三乗に比例するので、それらの数字をすべて「重さ×長さ÷時間÷時間」という数式にインプットすると、最終的には重さだけの式になります（計算してみてください）。その値を計算してみると、力は重さの六分の五乗になることがわかるんです。

ようやく答えにたどりつきました。人間はカブトムシの体重の六〇〇〇倍。すると力は六〇〇〇倍ではなくて六〇〇〇の六分の五乗、つまり一四〇〇倍しか出せない。カブトムシが二〇〇グラムの竿を引っ張ることができるのなら、人間は、その一四〇〇倍、つまり二八〇キロの重さを引っ張れれば同格ということになる！　このような考え方を「スケーリング」というんです。

「スケール」について考えるときには、「長さ」とか「重さ」というのは何となく何倍になりましたね、とわかるんですが、たいていの人が考慮するのを忘れてしまうのが「時間」なんです。 力には加速度が入っているわけで、時間も入っています。「時間」も考慮して計算すると六〇〇〇倍じゃなくて一四〇〇倍になる。

人間は二八〇キロまでならなんとか引きずることはできる。だから人間とカブトムシは同じぐらいの力持ちなんだ、というだけのこと。「時間」のスケーリングを忘れてしまうと、「カブトムシは凄い力持ち！」というまちがった結論になってしまうんです。

先ほどのジューサーから飛び出る試験問題もカブトムシの問題と同じ。**考慮しなければ**

ならない要素をすべて洩らさず「スケーリング」計算してみると、ジューサーの中のコイン大のあなたが、自分の身長の何十倍も飛び上がるということは不思議な結果ではありません。それが当たり前なんだ、ということが理解できるはずです。

スケーリングと時間

我々は学校の幾何学（数学の図形問題）の時間に「相似」というものを習います。三角形が大きくなったとしても角度が同じ三角形どうしなら、「これは相似です」と習います。しかしこの場合、「時間」の要素が介在していません。

現実世界は、幾何学の世界と違って「時間」が関係してきます。数学か物理学かという違いなんです。物理学では時間もスケールしないといけない。物理学における、時間も含めた相似のことを「力学的相似」といいます。

生物の場合だったら、意識の流れや、心臓の鼓動、つまり、その生物に特有の「時間」が大切です。ハツカネズミは、せわしなく動くことからわかるとおり、心拍数もすごく早い。象は心拍数がゆっくりしている。その違いはまさしくスケーリングなんです。

SF映画でゴジラが崖から落ちるシーンを撮るときもスケーリングが大事。ゴジラの大きさを（ミニチュアセットの）崖の高さに合わせて小さくしても、実際と同じような迫力映像はえられません。なぜなら、実際とミニチュアとでは地面に到達する時間が大きく異なるからです。落下時間もスケーリングしないと、本物に近い映像は撮れません。

また、新薬開発のための動物実験などでも同様で、うまくスケーリングしてやらないと、実験結果をそのまま人間には当てはめることはできません。

コンサートホールの設計をする際の音響効果測定も、やはりスケーリングして考えなければなりません。そのとき忘れがちなのは、空気なんです。ミニチュア模型のコンサートホールをつくって音響効果の実験を行なう際には、すべての条件が「力学的相似」を満たしていないと、つまりすべての要素をスケーリングしてやらないとダメなんです（**【ポリアの教え⑱：すべての条件を使えたかチェックしてみよう】**）。この場合、空気の代わりに窒素ガスを充填して始めて、ミニチュア模型の大きさに見合った音速となり、「現実の条件をそのまま小さくした状態」が再現できるのです。

工学分野でミニチュア模型をつくることから始めなければならない研究分野の人たちは、何かの要素を考慮し忘れると現実が再現されずに大失敗に終わる、ということを必ず

知っているものです。

実生活で次元解析を利用する

実は、力学的相似とか次元解析の考え方を知っていると、学校の物理学の試験で非常に得するんです。物理の公式はたくさんあるので、当然、忘れたり、混乱することもある。たとえば振動数の公式は $\sqrt{k/m}$ なのか、$\sqrt{m/k}$ なのかわからなくなったときどうするか?——実は次元を見るだけで公式が思い出せるんです!

振動数というのは「一秒間に何回振動するか」ということですから1/秒、つまり1/時間という単位をもっています。ここで我々がよく知っている「F＝ma」(重さ×長さ÷時間÷時間)を思い出してください。もう一つはバネの公式「F＝－kx」。ここでkは「バネ定数」です。つまり、バネが伸びた距離に比例して反対方向に力が働くということ。ではこのkはどのような単位をもっているか?——力の単位がわかっていれば、－kxのうちのxが長さの単位をもっているので、バネ定数のkは重さmを時間で二回割ったものになるとわかる。ということは、m/kかk/mかと悩んだときに、それが1/時間になるのはどちらか、と考えれば、すぐにどちらが正しいのかわかります（考えてみてくださいね）。

物理が得意な人は、すべての公式を完璧に丸暗記しているわけではなくて、こういうコツを知っているんですね。公式を忘れてしまっても、実は次元解析だけから導けるんです。

物事と知識の関連性

今の話でおもしろいのは、「$F = ma$」と「$F = -kx$」をくっつけたところ。世の中で、使える知識は、単発の公式ではありません。公式どうしの「関係性」みたいなものが頭に入っていると、実は物理の試験では得点しやすいんです。

そういう意味では歴史とかもそうです。歴史って、まず年代を暗記するというイメージがありますが、そうではなくて、こういう出来事があったから次にこういう争いが起きましたという感じで、実は年代と史実には物語性があるんです。

たとえば鎌倉幕府について考えてみましょう。一一九二年源頼朝が征夷大将軍に任命される⇒一二二一年後鳥羽上皇が鎌倉幕府に対して討幕の兵を挙げたが敗れる（承久の乱）⇒京都に朝廷の動きを監視するための六波羅探題が設置される⇒一二七四年文永の役・一二八一年弘安の役（蒙古襲来）では、御家人（武士）は恩賞をもらうべく費用自己負担で必死になって戦い、神風もあり勝利したが、恩賞がなく不満をもつ⇒一二九七年幕府は貧窮に苦しむ御家人救済のために売買された土地を無償で持ち主に返す永仁の徳政令を発布⇒一三三三年財政悪化とともに御家人の人心が幕府から離れ鎌倉幕府滅亡へ。この歴史の流れは、封建制度で成り立っていた鎌倉幕府の栄枯盛衰のストーリーとして、その出来事の順序を理解することができるんです。

使える知識はつながっている。単発で孤立した知識をたくさん知っていればクイズ王にはなれますが、**実生活の現場で役立つのは、孤立した知識ではなく、「知識どうしの関連性」なんです。**ここ、すごく重要です。

いくつもの知識をネットワークとしてつなぐ能力が実社会では求められます。ある程度のクイズ的な知識は必要ですが、バラバラに点在しているだけの雑学的知識ではダメで、全体として相互に因果関係があったり、結びついていたりする知識こそが、役に立つんです。

実社会で活躍している人は、自分の関わっている専門と専門外のいろんな知識が、頭の中でうまく関連づけられていて、知識のネットワークがすごく広がっているんです。ただ単に断片的な知識を増やすだけでは何の意味もありません。知識どうしがうまくつながって始めて、身につけてた知識が生きてくる。知識どうしがつながっている人たちのほうが圧倒的に社会で活躍できるんです。そういったネットワークされた知識のことを昔の人は「知恵」と呼んだのだと思います。

3

あらゆる予測に活用してみよう

——最小二乗法でざっくりと

最小二乗法の起こり

「最小二乗法」は、実験データに数式をフィットさせるときの常套手段です。この方法はもともと、天体の運動を予測する必要から生まれましたが、発見者が誰かについては議論があるようです。

アドリアン＝マリ・ルジャンドルだという説と、カール・フリードリヒ・ガウスだという説があるんです。ルジャンドルは一八〇五年に「最小二乗法」について論文を書いて出版していますが、一八〇九年に、ガウスがやはり天体の運動に関して論文を書いていて、一七九五年から自分はその方法を使っていると主張しているんです。

今なら最初に論文を出版した人の勝ちですが、昔は、そういう学術的なルールが確立されていたわけではありませんから、どちらが最初かという判定がしづらいのですね。まあ、とりあえず、二人がほぼ同時期に発見した、としておきましょう。

さて、この最小二乗法が注目される大きなきっかけになった事例を紹介しておきましょう。一八〇一年一月にジュゼッペ・ピアッツィによって発見されたセレス（ケレス）という小惑星は、途中で太陽に隠れたせいで、軌道がわからなくなってしまったんですが、**ガウスが最小二乗法を改良して編み出した軌道計算法を用いることによって、フランツ・フォン・ツァハらにより同年一二月に再発見されたんです。**太陽に隠れるまでの観測結果に「最小二乗法」を当てはめることで、「次にどこにくるか」という予言を的中させたわけです。これは天文学史上の快挙というべきでしょう。

ビジネスで最小二乗法を活用する

いきなり、天体観測からビジネスに話が移ります。ビジネスの場面で「最小二乗法」が活用される代表例としては、広告の視聴率予測があげられます。視聴率というのはデータですが、そのデータに「最小二乗法」を適用することで、今後の視聴率や売上を予測したりするわけです。また、経済指標に関するデータがあれば景気予測をすることも可能です。

「予測」というのは、「ある関数形にフィットさせる（当てはめる）」ということなんです。

それは一次式のこともあれば、より複雑な式のときもあります。

広告の視聴率予測では、「反応関数」というものを用います。要するに、広告費をいくら出せば、どれくらい売り上げが伸びるか、という関係式です。集めてきたデータを反応関数に当てはめて、広告費用対効果を計算するんです。

典型的な関数を図1に示しました。まず、一次関数があります。それから、べき乗の形があって、ちょっとおもしろいS字形や対数などもあります。

アメリカでは大学に「広告学科」があって、しっかりとした教育が行なわれています。広告学科では数学を駆使して、広告を科学的に分析します。たとえば、図1に示した関数形のどれかを仮定して「最小二乗法」をあてはめる、ということもします。

「$y = ax + b$」というもっとも単純な例で「最小二乗法」の考え方を説明してみましょう。最小二乗法では、基本的にパラメーターの数よりデータが多いのです。「$y = ax + b$」という一次式の場合、パラメーターは「傾き」の「a」と「接点」の「b」の二つ。データが二つあれば一次関数のaとbは決められますよね？　しかし、現実のビジネスの場面では、データは二〇、五〇、一〇〇……と数多くあります。その数多くのデータに一次関数をフィットさせようとする場合、「どの二つを使えばいいのですか？」という話にな

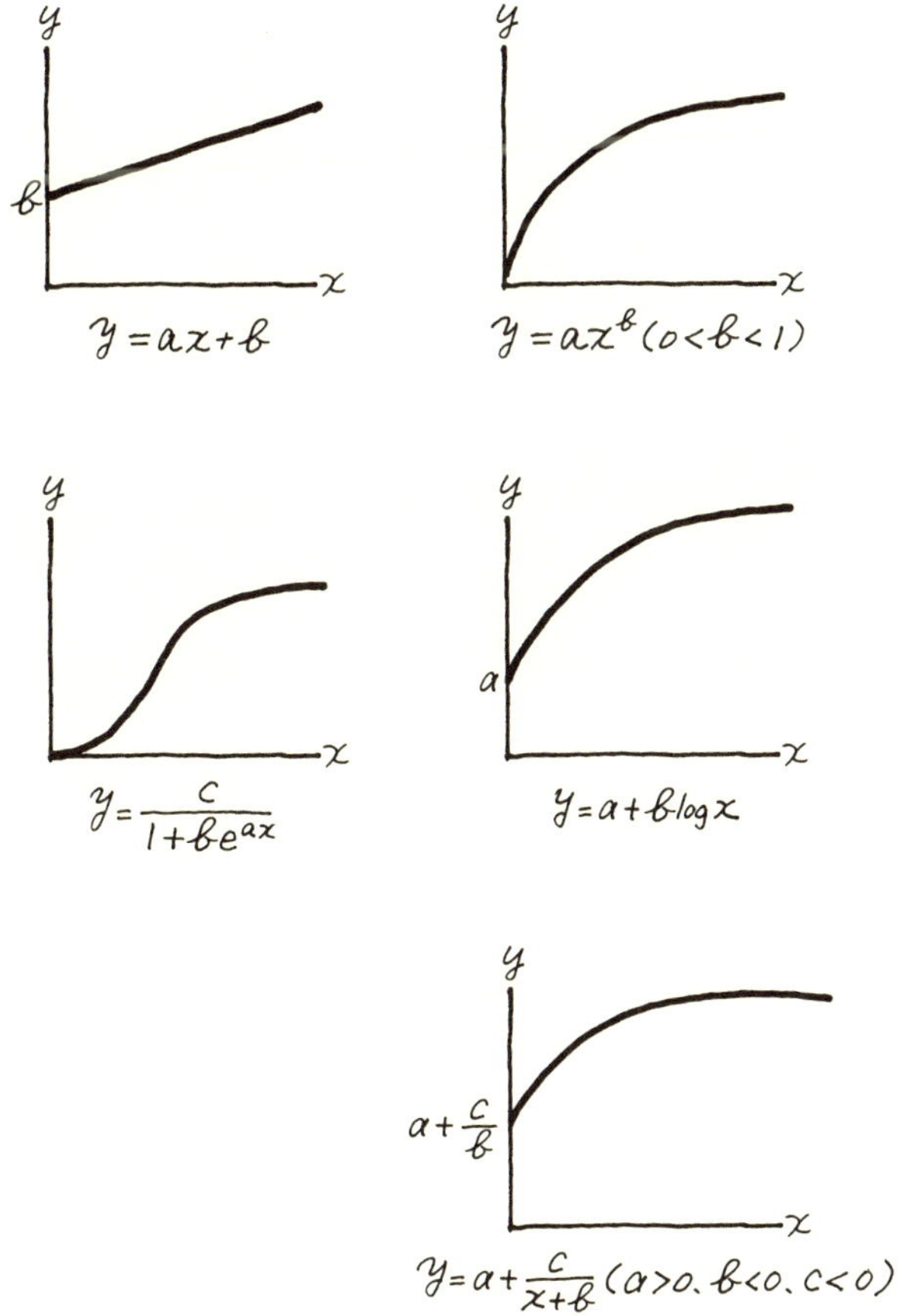
$y = ax + b$
$y = ax^b \ (0 < b < 1)$
$y = \frac{c}{1 + be^{ax}}$
$y = a + b \log x$
$a + \frac{c}{b}$
$y = a + \frac{c}{x + b} \ (a > 0、b < 0、c < 0)$

図１　典型的な反応関数

るのですが、データ全体の傾向をつかむためには、集められたデータすべてを活用して「a」と「b」を求めなければなりません。

よろしいですか? たくさんあるデータをすべて活用して、未知数が二つしかない一次式をざっくりとフィットさせるのに最小二乗法が使われるのです(【ポリアの教え⑰:手持ちのデータをすべて活用できたか考えてみよう】)。

まず、「$y = ax + b$」という式を仮定し、実際のデータとの差を全部二乗して足していきます。その二乗の和が最小になるような「傾きa」と「接点b」を求めればいいということになります(具体的には、微分した式をゼロと置くことで最小値を求めることができます)。二乗しなければならないのは、そうしないとプラスマイナスで打ち消し合ったりして変な結果になったりするからです。二乗することによって、誤差が全部プラスとして積み重なっていくので、それを最小にしようということです(図2参照)。

もちろん、反応関数は、一次関数である必要はなくて、図1に示した他の関数形を当てはめることもできます。実を言えば、ビジネスの場面では、売上の予測にしろ、視聴率の予測にしろ、その状況をよくあらわす反応関数を選ぶのが腕の見せ所。反応関数の選択をまちがうと、その後の最小二乗法の計算をきちんとやっても、的外れな結果になってしま

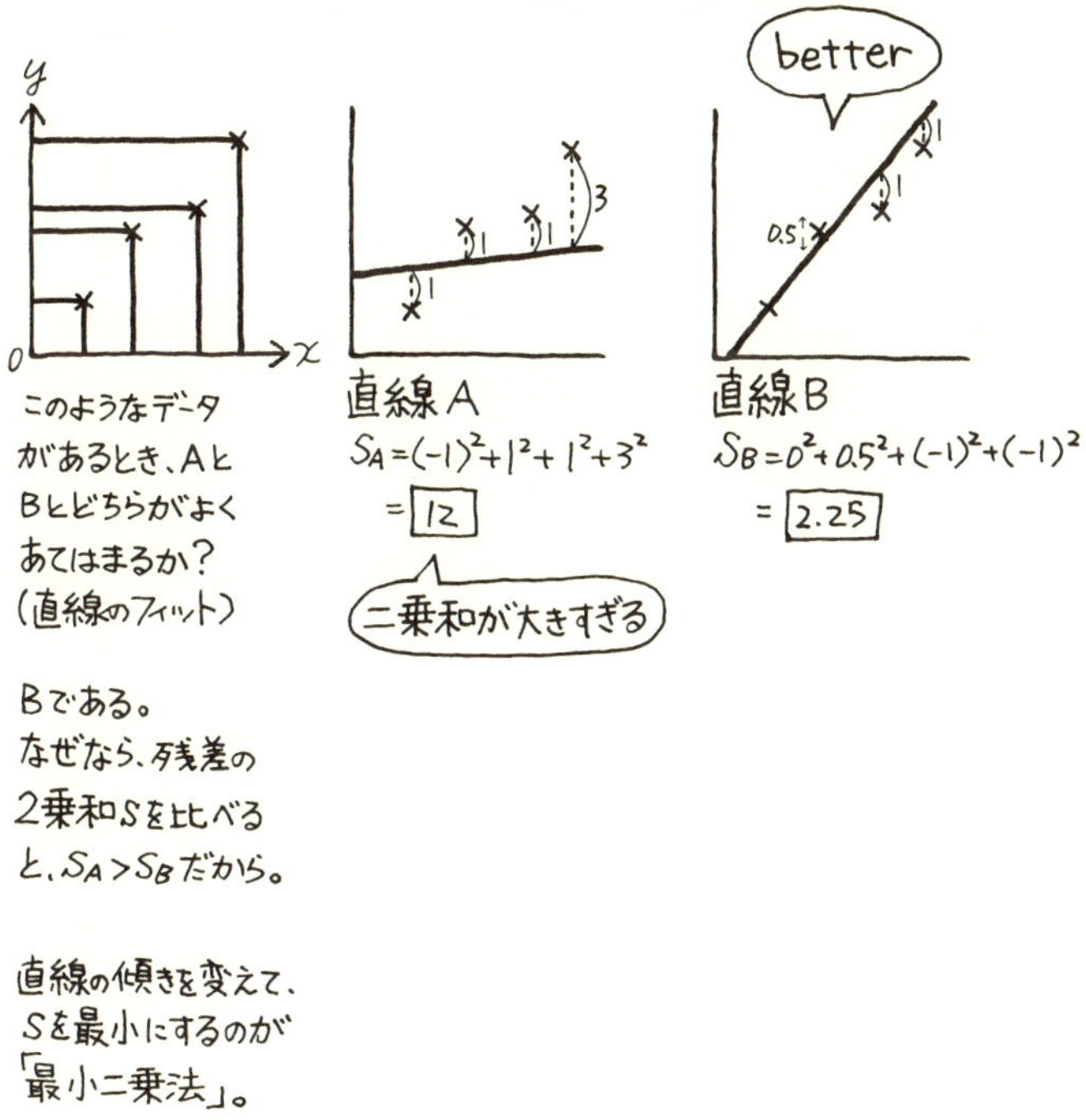
y
0
x
このようなデータがあるとき、AとBとどちらがよくあてはまるか？
(直線のフィット)
Bである。
なぜなら、残差の2乗和Sを比べると、$S_A > S_B$だから。
直線の傾きを変えて、Sを最小にするのが「最小二乗法」。
1
1
1
3
直線A
$S_A = (-1)^2 + 1^2 + 1^2 + 3^2$
= 12
二乗和が大きすぎる
better
1
1
0.5
直線B
$S_B = 0^2 + 0.5^2 + (-1)^2 + (-1)^2$
= 2.25

図２　最小二乗法の概念図

います。

残念ながら、反応関数を選ぶところは、現実のビジネスの現場感覚に頼らざるを得ません。なんでも数学で話が済むわけではないのですね。最後は……今の場合は最初ですが……人間が決める。どんなに科学が進歩しても、まだまだ、人間の脳ミソが頼みの綱なんですね。

ここでは最小二乗法の原理の話をしましたが、この計算はもちろんそのまま手計算でやるわけではなくて、実際にはパソコンで計算用プログラムを用いて行なわれます。

ベータ二項分布

「最小二乗法」から話が逸れますが、広告にはすごく数学が使われていて、視聴率の予測もできるんです。それには、「ベータ二項分布」という聞き慣れない分布を使います。「二項分布」というのは、成功するか、失敗するかの二つの可能性しかない独立した試行を何回も繰り返したときの成功数の確率分布をさします。

典型的な例としては、「全住民の一〇%がインフルエンザにかかっている。その住民の中から無作為に一〇〇〇人を抽出する。このときに抽出した一〇〇〇人の中にインフルエンザにかかっている人が一〇〇人以上いる確率はどれくらいか」というような問題のときに二項分布を使います。

二項分布というのは確率の授業で真っ先に出てくるような分布なんですが、いま挙げた例のように、お医者さんとか疫学調査をやっている特殊な人が使うだけ、という印象があります。でも、実は、広告の視聴率計算では大活躍するんですね。

ベータ分布については、特に深入りしませんが、物理学などで使われる、少々、特殊な分布だと言っておきましょう。

【余談】私は、三〇代の一〇年間、ずっとデータサイエンティストみたいな仕事をやっていました。モデル式を考えて、プログラミングして、実際に分析して、広告代理店に売っていました。今、データサイエンティスはすごく人気がありますが、実は、かなりしんどい仕事です。なにしろ、巨額の広告費がかかっていて、予測が外れると大損害になってしまいます。広告代理店は、お互いに競い合っていて、しかも巨額のお金が動くので、納品した予測プログラムを用いての予測がハズれたら、始末書どころじゃ済みません。私の書いたプログラムは成績がよかったのですが、あるとき、データをインプットする人がミスを犯し、予測が外れたことがありました。広告代理店の担当者のところに謝りに行くと、彼は、クライアントを失う瀬戸際まで追い詰められていて、顔面蒼白で、私たちを睨み付けて、怒りにブルブルと震えていました。また、あるときは、大手広告代理店が「竹内さんのプログラムを買いたい」と言ってきて、一〇名くらいで見学にきたこともありました。後からわかったことですが、彼らは、私にお金を払ってプログラムを買うつもりなどなく、その性能をスパイしに来ていたのです！　一年くらいたって、この大手広告代理店は、何十人というプログラマーを動員して、私が書いたプログラムと同等の性能をもつプログラムを開発し、私のクライアントを奪いに来ました(笑)。そんなこんなで、データサイエンティストの仕事は、報酬はすごくよかったのですが、ストレスも大きく、私は四〇歳のときに「引退」を決意したのでした……。

データ予測の移り変わり

近年、ネット上に浮かんでいる目的に合った膨大なデータ（ビッグデータ）を集めてきて、実際の予測に役立てるという手法が盛んですが、ある予測式を見たときに、ちょっと驚きました。昔は、データは非常に貴重で限られていたし、ネットなんかにはころがっていなかったんです。それはデータ調査会社が独占しているお宝だったのです。さほどビッグでないスモールデータでも、それを元に、たとえば売り上げとか、「広告にどれぐらい接してもらえるか」を予測するためには、どんな関数を使えばうまく当てはまるのか、すごく知恵を絞らないといけなかったんです。

先ほど「ベータ二項分布」に触れましたが、そのほかに「ディリクレ多項分布」というのもあります。「ベータ二項分布」の「ベータ分布」が「ディリクレ分布」に変わり、「二項分布」が「多項分布」に変わる。要するに、より高度化されて柔軟な予測ができる関数形に変えたものです。

つまり、データが限られているがゆえに、関数のほうに本質的な意味をもたせる必要があったんです。関数が現象のカギを握っている。だから関数をうまく選んで、掛け算したり別の関数をつくったりして、モデル式を組み立てないと、基本的には的中率の高い予測はできません。

予測精度は、ホントに職人技なんです。だから当時の私みたいな人間は食べていけたんですが、今は、多くの場合、カンタンな一次式を使っているんですね（重回帰分析といいます）。要するに、あまりにも多くのデータがあるために、各データが少しずつ影響を与えているという発想なんです。一次式といってももちろん変数は、x_1、x_2、x_3、……というふうにたくさんあるんです。だから予測式は「$y = ax_1 + bx_2 + cx_3 + \cdots\cdots$」のような形になっていて、その「$x$ナントカ」のところに、とにかく集められるだけ集めたデータを入れる。そのデータの数は、ものすごく大きい。まさに「ビッグデータ」ですよね。数学的には、分析の次元は非常に高いんだけれども、それをあらわす関数形はすごくシンプルということです。

これはある意味ショッキングで、**今はデータのほうが完全に主導権を握っていて、関数形の議論は二の次なんです。大量のデータがデータ分析の真髄になっているんです。**そうなってくると、あとはどういうデータを組み込むかが腕の見せ所になる。

計算自体は、その数値データをコンピュータに入力するだけです。そうなってくると、職人技といっても話が変わってきます。ぶっちゃけ、高等数学に強い人でなくても今はデータサイエンティストになれる時代です。**データが多すぎて、数式部分は簡単にせざるをえない**んですね。まさに時代の大きな変貌を感じずにはいられません。

ただ変わらないのは、予測が当たらないとダメということ。企業経営を左右し、大金がかかっているので、予測が当たらないとクビになってしまうという状況は今も昔もかわりません。花形の職業には、それなりのプレッシャーがあるんです。なんてしんどいんでしょう。

サイエンスからエンジニアリングへ

私のイメージでは、データサイエンスは、「サイエンス」から「エンジニアリング」に変わってきたと思うんです。黎明期は基本的にサイエンスで、現象の本質を解明して数式に落とす技が重要だった。しかしデータが増えてくると、それでは扱えないものにも出くわす。すると次はエンジニアリングの問題になってくる。いかに結果と合致する予測ができるか。予測がうまく結果と合ってさえいれば、インプットとアウトプットの間に介在するブラックボックスの中身がどうであるかは関係ないんです。本質なんて関係ない。よい結果が出ればそれでよい。

データがものすごくたくさんあるので、関数形については、もう問わない（問えない）。データにすべて責任を担ってもらうことで、サイエンスからエンジニアリングに変わっていったんですね。

これは『99・9％は仮説』（光文社新書）でも紹介した話題ですが、サイエンスの一分野である物理学では空気の力学を扱います。専門用語では「流体力学」といいます。その流体力学にはナヴィエ＝ストークス方程式という基礎方程式があって、それによっていろいろな計算ができます。

ところがこの基礎方程式、飛行機を飛ばす段になると使えなくなってしまうんです。原理的には使えるはずなのですが、現実には、計算量があまりにも多くなってしまい、スーパーコンピューターで何万年もかかる、なんてことになって使えない。そこでどうするかというと、その基礎方程式、つまり現象の本質を詰め込んだ数式は「置いておいて」、より簡単なモデル式を使うのです。モデルは「模型」という意味ですよね。ホンモノの方程式ではなく、模型の方程式を使うのです。

観測データが再現できるような簡易モデル式をつくる。風土実験などを繰り返しつつ、より簡単なモデル式（関数形）によってシミュレーションを行なうという発想。そうなってくると、「現象の解明」というサイエンスから、「うまく飛べばいい」というエンジニアリングの問題に移ったことになります（**【ポリアの教え⑯：条件の一部だけ残して他を捨てて未知の部分を浮かび上がらせよう】**）。

現代のビッグデータ分析は、現象の本質であったサイエンスから、今はもうエンジニアリングの世界に移っているように思われるのです。

うまく動かす、つくる、エンジニアリングの人たちがいてこそ、社会の中における企業活動が成り立っているわけです。

サイエンスとフィクションの関係

データサイエンスがサイエンスからエンジニアになっている、といいましたが、「そもそもサイエンティストやエンジニアたちはどんな理由でその問題にとりかかっているのか？」「どうやってその問題を探し出したんだろう？」という本質的な問題について、ちょっと考えてみましょう。

よく感じるんですが、意外とＳＦ小説アニメに影響されている人が多いのです。私の知っている人でも、「むかしテレビで円盤が飛ぶのを見て、自分も円盤をつくりたいと思って物理学者になりました」という人がいるくらいです。あるいは、宇宙飛行士が宇宙に興味を持った原点も、むかし見たアニメだったりします。宇宙戦艦ヤマトとか、ガンダムとか。また、ガンダムを見ていた人が実際にロボットをつくったりするんですよ。

子どものときにＳＦやフィクションの世界にひたって想像力を培っておくと、大人に

映画原作　宮崎駿『風の谷のナウシカ』（徳間書店 刊）© 二馬力

なって、数学やコンピュータの技術を手にしたとき、フィクションを現実世界に持ってきてやろうという野心がわいてくるようです。アニメは完全に虚構と想像の世界なんだけれど、そのイマジネーションの世界を知ってしまうと、自分のもっている技術で実現したくなるのでしょう。

宮崎駿監督の映画『風の谷のナウシカ』で、主人公の少女ナウシカが操る一人乗りの飛行具「メーヴェ」を、一〇年かけて、ついにその姿に似たジェットエンジン搭載機を作り上げてしまったメディアアーティスト八谷和彦さんなんか典型例です（『ナウシカの飛行具、作ってみた』幻冬舎）。

そもそも人間がやるべき仕事の萌芽は、フィクションのことが多いんです。人間はゼロから何か問題を思いつくということは少ないんですね。どこかで、だれかから夢を与えられるんです。

荒唐無稽と思われる完全なイマジネーションの世界、フィクションを小さいころに与えられていると、大人になって社会に出るまでに十数年の準備期間がある。さらにいろんな道具や技術を身につけるまでに何年かの期間があったりする。その間にテクノロジーが進歩し、昔できなかったことができるようになったりするんですね。

だから、小説やアニメなどのフィクションに触れることは、「問題を探す」ことにつながる部分があります。フィクションを読んだり、見たり、聞いたりすることは、創造力を豊かにするためにはとても重要なのです。

人間が想像できるものは、科学者とエンジニアがどんどん実現していく。だれも想像したことのないものは、だれもつくろうと思わないし、挑戦しようともしない。だれかが「創造する」という意味で、芸術家や文学者の存在は、あながち科学と無縁ではない。

フィクション畑の人たちが、今は荒唐無稽だと思われるものをどんどん考えて、作品として残してくれれば、もしかすると二〇年後、三〇年後、一〇〇年後にそれが実現するかもしれない。どんどん荒唐無稽なテクノロジーを描いてくれたほうが、将来のためにはいい。そこに向かって、「ああ、それ、やりたいな」というサイエンティストやエンジニアの卵が生まれるかもしれない。

タイムマシンの実現性

典型的な例として、フィクションによく出てくるタイムマシンを考えてみましょう。タイムマシンについては、まだエンジニアリングのレベルではなく、サイエンスの萌芽のレベルですが、世界中で研究されていて、れっきとした科学論文も出ています。

たとえば、キップ・ソーンという重力理論の専門家が論文を書いています。この人は物理学的にどうすればタイムマシンができるのか、真剣に考えたんです。アインシュタインの相対性理論で、加速度がかかると時間が遅れるという現象があります。ソーンは、それを利用して過去に帰るタイムマシンを考えだしました。ただし、加速度を自分にかけただけだと自分の時間が遅れるだけ。それだと逆効果なんですね。自分の時間が遅れているということは、周りと比べて遅れるわけです。すると周辺の人々が二〇年先に行っているのに自分はまだ一年しか経っていなかったりする。つまり、いきなり未来の世界に放り出された形になってしまう。常に加速度がかかった状態にいると、気づいたら浦島太郎みたいに突然未来の世界にポーンと放り出されてしまう。それはある意味、「未来に行った」ということになるんですね。

つまり、アインシュタインの相対性理論ができた時点で、ある意味、未来に行くためのタイムマシンの原理はわかってしまった（強い加速度に耐えられるかなどのエンジニアリングの問題はこれから解決する必要があります）。

だから、理論的な難問は、過去に戻ることなんです。ソーンは、ぶっ飛んだフィクションかもしれないんですが、「ワームホール」を用いることを思いつきました。ワームホールというのは、アインシュタインの方程式の解として、理論的に存在する代物です。ブラックホールに似ていて、宇宙のある点と別の点がトンネルでつながっている。この理論上（空想上？）のワームホールを使えばいいと考えたんです。

ワームホールの出口に加速度をかけておけば、そこでの時間はゆっくりと進みます。だから、普通に時間が進んでいる入口から入って、時間が遅れている出口から出ると……そう、過去に戻っちゃうんですね！

ただ問題は、ワームホールそのものがまだ一個も発見されていないこと。ブラックホールはたくさん「候補」が発見されていますが、ワームホールはまだ候補さえ発見されていません。だから、タイムマシンに使うにしても、そんなもん、どこから持ってくるんですか？　という問題が出てきてしまう。また、「出口に加速度をかける」といったけれど、どうやって時空にぽっかりと空いた球形の穴を揺らすんですか？　という問題があります。で、さらにもう一つの技術的な困難があります。ワームホールの解を調べると、トンネルは確かに一瞬できるんですが、すぐにつぶれてしまうんですね。すぐつぶれてしまうので通り抜ける暇がない。ではどうしようかということで、ソーンは、さらに架空の「エキゾチックな物質」なるものを考えだしました。これは、ちょうどドンネルを掘ってコンクリで固めたりするのと同様の補強剤のことです。ワームホールの時空の穴がつぶれないように内側から圧力に抗することができる、ものすごく強い物質で、補強してしまおうと提案しているんです。

そもそも、ウェルズの書いた『タイム・マシン』という小説が最初にあった。人類の想像の対象として、タイムマシンというものすごい問題が与えられた。そこで科学者キップ・ソーンは、現状の物理学の理論の枠組で実現するには何が必要かということを考えた。すると、ワームホールのトンネルを補強して出口を揺らすことさえできれば、過去に戻ることができるゾという結論に達したわけです。

キップ・ソーンが言っているワームホームとエキゾチックな物質は、両方とも現状ではフィクションの域を出ません。ただし彼は、それがどういう性質のものであるかということをきちんと記述しているから、それを探しだせれば、もしかしたら実現できるかもしれない。

逆にいうと、**彼がそういう提案をちゃんと論文で書かなければ、だれもそんなもの、探しやしない。**たとえばエキゾチックな物質というのを、いきなりゼロから探し始める人はいないでしょう。**でも、タイムマシンをつくるにはエキゾチックな物質が必要だということになったら、では、そのためにその物質を探してみようかという事態に発展するわけです。**

あるいは、なんらかの未知の物質が宇宙の果てで観測されたときに、ソーンの論文の知識があれば、今までフィクションにすぎなかった、ワームホールに使えるとされる、あの「エキゾチックな物質」かもしれないゾ、という話に結びつくのです（**【ポリアの教え⑤：前にそれを見たことがないか思い出してみよう】**）。

現状ではまだ、かなりフィクション色の強いサイエンスですが、いずれ天文観測も発達し、実験精度も上がってくると、徐々に新たなことがわかってきて、いつの日か、少しずつ必要な部品がそろってくるかもしれません。すると部品がすべてそろったあかつきには、タイムマシンが実現することになる！

ここでの話のような状況を私は「物理学のＳＦ化」と呼んでいるんですが、現代科学の最先端は、もはやＳＦと区別がつかなくなりつつあるんですね。

実は、ソーンの理論以外にも、多くのサイエンティストたちが、タイムマシンの理論的な提案をしていて、それらはすべて論文になっています。

一〇〇年後なのか一〇〇〇年後なのかはわかりませんが、部品がすべてそろったときに、未来のエンジニアがそれらを組み合わせて、人類はタイムマシンを手にすることでしょう。

「何かの問題に取り組もう」という動機の最初はイマジネーション。その意味でＳＦの存在意義はとても大きいのです。

4

まず迷ったら数値的に考えてみよう

——モンテカルロ法でざっくりと

円の面積を求める

いきなりですが、「円の面積を求めよ」という問題に取り組んでみましょう。いきなり、というのは、これは「トーイモデル」、すなわち、おもちゃのモデルだからです。まず、カンタンな問題でやってみて、それからホンモノに応用する、ということが科学ではよく行なわれます。

おもちゃ級の問題 円の面積を求めよ

私がここに円を描いて、半径を書いて、面積を求めてくださいという問題を出したとします。それに対して、あなたはどう答えますか？

これは πr^2 だから、答えは「$\pi \times 1^2$」で π で、大体三・一四です。うん？ なんでこんな問題を出しているの？ 読者の頭は「?」マークで一杯になってしまったかもしれません。

「この πr^2 という公式は、一体どうやって導かれたのでしょうか。大昔の人はそんなこと知りませんよ」と訊ねると、たいていの人は、「学校で教わった」と答えます。では、「学校で、どうしてその公式が正しいということを知りましたか？」と訊くと、ほとんどの人はおそらく「さあ、πr^2 と教わったから」「そう覚えているだけ」と答えます。すると私は「それでは非常に困るんです。人から何かいわれたとき、全部うのみにしていいんですか？一応、根拠を確かめないといけないでしょう」と意地悪く畳みかけます（笑）。

公式というのは、自分で考えて計算して、到達した結果を憶えるためのもの。理由もわからずに公式を丸覚えするのは……言葉は悪いですが、「洗脳」されてるだけなんです。

たとえ相手が先生や社長のような権威者であっても、他人からいわれたことをそのまま鵜呑みにしちゃダメ。常に自分の頭で考えてみてください。

では、「教科書を開いてください」。子どもの教科書でかまいません（実物はなくてかまいません）。算数の教科書では、どうやって円の公式を導いているのでしょうか？　まず、細いピザパイのように円を切って上下に並べていきます。すると平行四辺形みたいになります。ちょっと丸みがあったりするんですが、ざっくりと長方形とみなして、面積を計算

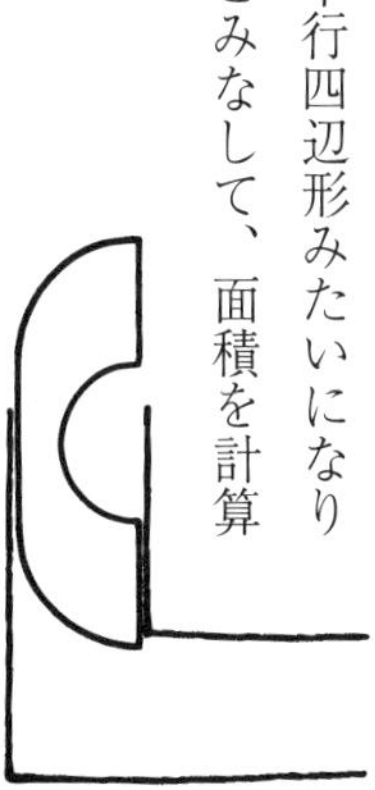

してみると πr^2 になる。すると π が三・一四だということがわかってくる。

ただし、最初は三・一四というきれいな数字は出ません。でもピザパイを無限に薄くして上下に並べていくと、ざっくりとではなく厳密に長方形になるので、その場合は完全に計算ができて、正確に π の値が出せます。長方形の面積は縦×横ですからね。そうやって証明します。ただ、本来は無限には分割できないから積分という方法を使うことになります。**無限に小さいものを足していくというのが積分の概念です。**

ところが、この方法を思いつかなかったらどうしますか？　無限に小さくピザパイを切り刻んで並べて長方形にするというのは、だれもが容易に気づく方法ではありません。もしすぐにこのアイデアを思いついたのなら、本職の数学者になれるかもしれませんね。大部分の人は、そのような証明法は思いつきません。数学の証明というのは、かなり特殊なものです。絶妙な方法に気づく、神業をもった人たちは数学者になれるけれど、残りのほとんどの人はなれない。もしあなたが、前述の求め方を思いつかなかったとしたら、さて、どうやって求めますか？

たとえば、こういうことを考えてみてください。正方形の面積は知っているけれど、円の面積はわからない。そこで、正方形を描いて、コンパスで内接する円を描きます。さらに、その円の中にまた正方形を描いてみます。

円の外側にある正方形は、内接する円の半径を一としたら2×2＝4となります。そして円の内側に収まる正方形の面積は$\sqrt{2}\times\sqrt{2}=2$となるので、円の面積はその中間あたりの数になることが予測できます。これも一つの方法です。でも、この方法も、神業ではないにしろ、やはり、ひらめきが必要でしょう。

次に、理科の実験みたいなことをやってみましょう。粘土で立方体のサイコロをつくります。縦・横・高さが四センチの立方体でいいです。上面にコンパスで円を描いてみましょう。

その重さをはかってください。次に、ヘラを持ってきて、上面の円に沿って、うまく円柱に整形してください。そして円柱の重さをはかってみてください。とうぜん軽くなります。その比率さえわかれば、重さをはかることによって立方体と円柱の重さがわかる。高さ方向は全く同じなので、減った分は、基本的に正方形と円の差となる。このような方法で計算することもできます。でも、これも、それなりのひらめきを必要とする「円の面積の求め方」ですよね。

モンテカルロ法とは

しかし、毎回そういうことをやっていては大変ということで、スタニスワフ・ウラムが考案し、ジョン・フォン・ノイマンにより命名された手法が、モンテカルロ法です（**【ポリアの教え㉔：結果を別の方法で導けないかどうか考えてみよう】**）。まず、二センチ×二センチの正方形の箱を用意してください。その中にピタリとはまる円形リングを入れてください。すこし壁を設けておいてください。できれば、周りの箱のほうが高いほうが好ましいです。リングは低く、紙のように薄くしてください。

そこに、たとえば、ビーズを一個ポーンと投げ入れてみてください。どこに入りましたか？　最初から端っこに入ることもあるけれど、円の中に入ることもあるでしょう。次々にポーン、ポーンとランダムに投げていきます。はずれても構いません。もちろんいっぺんに投げてしまっても構いません。

一〇〇粒投げ終わった時点で数えてみてください。一〇〇粒のうち、どれくらいが円の中に入りましたか。その数さえわかれば、「正方形の面積」対「円の面積」は、「一〇〇粒」

対「円の中に入っていた粒の数」ということでざっくりと計算ができるんです。

このモンテカルロ法のメリットは、一〇〇粒ではそんなに正確な数字が出せなくても、徐々に数を増やして一〇〇〇粒、一万粒にしていくと、どんどん円の面積が正確になっていくこと。

ランダムに投げられたビーズは、すべて等しい確率で、面積に比例して、四角全体の中の四隅か、あるいは円の中に落ちることになる。それを利用してπという定数を求めることができる。非常に便利な方法です。

【註】 いま、円の半径は一（センチ）です。正方形の面積は $2 \times 2 = 4$ です。円の面積の比率をπとおくと、「一〇〇粒」対「円の中に入っていた粒の数」＝ $4 : \pi$ となるので、πが求められます。

さらにこの方法のメリットは、粘土の重さを測る実験みたいな大変なことを行なわなくとも、コンピューター上でシミュレーションができること。たとえば、x 軸と y 軸をとって、x 軸が1〜4まで、y 軸も1〜4までとった、正方形領域をつくって、その領域内で

ランダムに x と y の値を発生させて点を打っていきます。発生させた点は、ビーズの落ちた位置と等価になります。すると何万回でも何十万回でもシミュレーションなら容易に実行できます。たとえば一〇万回乱数を発生させて、そのうちのいくつが円の中に入ったかということさえわかれば、円の面積が正確に求められる。発生させる乱数を増やせば増やすほど、π の値は正確な値に近づいてゆきます。

この方法は、（おもちゃ級の）円の面積だけでなく、複雑な形をした図形や、初めて見る図形の面積計算にも活用できます。あまりにも不規則な形のときは、積分法を用いて πr^2 の公式を導き出すような方法（＝解析的方法といいます）が使えません。ヘラでそいでいく実験手法は使えなくはありませんが、すごく複雑な形のときは、その手法で面積を求めるのはかなり大変になります。このようなとき、モンテカルロ法は普遍的に威力を発揮してくれます。

モンテカルロ法によるシミュレーションは、面積だけでなく、確率が関係するような場面や現象であれば、ほとんど万能といっていいほど、活用することができます。それこそ、素粒子同士をぶつけて、違う方向に飛び散る、しかも種類も変わってしまうという「素粒子加速器実験」でも、どちらの方向に飛び散るか、どんな粒子に変化するかという確率的な現象のシミュレーション実験が、モンテカルロ法を使えば可能です（**【ポリアの教え㉕：他の問題にその結果や方法が応用できるか考えてみよう】**）。

日本には、筑波に高エネルギー加速器研究機構（KEK）があって、そこの高エネルギー加速器で電子と陽電子（＝電子と電荷が逆の粒子）をぶつけると、B中間子などを生成させることができます。

B中間子というのは、ボトムクォークと、電荷が逆の反ボトムクォークがくっついたものですが、それがまた別のものに崩壊して、いろいろな素粒子が生まれます。この実験で小林・益川理論が検証されたわけですが、このような加速器で、確率的に、どの方向にどのような粒子が飛び散り、また、どんな粒子に変身するかというさまざまなケースを事前にシミュレーションするときにも、モンテカルロ法が使われています。

モンテカルロ法は、金融業界でも、金融商品の価格付け、ALM（資産と負債に関するリスク管理手法の一つ）、市場リスク管理など、多くの場面で活用されています。また近年では、年金基金のリスク・コンサルティングや貸付け資産のリスク管理など、適用の範囲はどんどん拡大しています。金融商品にリスクがあるかぎり、モンテカルロ法は必要不可欠な存在として活用され続けることでしょう。

この乱数を用いたシミュレーション手法は、さまざまな確率的現象の分析に使えるため、とても応用範囲が広いのです。この点が、解析的方法と確率的方法（＝シミュレーション）の汎用性の差といえるでしょう。

解析的解き方と数値的解き方

確率的方法のメリットは、その現象についての公式（法則性）がわからないとき、シミュレーションの実施によって、おおよその法則性を見出すことができるところにあります。もし公式がわかっていれば、モンテカルロ法を使う必要はないんです。だから、ホントは円の面積に、あえてモンテカルロ法を使う必要はありません。でも、シミュレーションプログラムがうまく動いているかどうかを検証するために、まずは、円の面積を求めてみるのです。また、公式が導けたとしても、それが正しいかどうか、モンテカルロ法で検証することができます。

実は、世の中で起きているさまざまな現象は、ほとんどが公式では表せません。そこで頼りになるのがモンテカルロ法です。

問題の解き方には、大きく分けると、解析的解き方と数値的解き方の二つがあります。

ここでの例でいうと、最初に πr^2 という円の面積を積分で求めました。この解法は解析的な方法といわれます。一方、ビーズをたくさん投げて、ある領域に入ったビーズの数を数え上げることで問題を解くモンテカルロ法は、数値的な方法といいます。

世の中にはたくさんの方程式が存在しています。物理学でも、化学でも、たくさんの方程式がありますが、ほとんどの現象は解析的には解けません。方程式があっても、解析的な解があるのは例外なんです。ほとんどの方程式は、数値的にしか解けないのが実情です。だから物理学科や工学部などに進学した学生たちは、コンピューターを使った数値的な解法を徹底的に学ぶことになります。それをやっておかないと、ぶっちゃけ、コンピューター登場以前の、デカルト、ガリレオ、ニュートンが生きていた時代の計算しかできないので、解ける問題と解けない問題の落差が大きくなりすぎてしまうんですね。もちろん、コンピューター登場以前にも数値的な解法はありましたが、コンピューターの登場で、状況は劇的に変わりました。数値計算は、現代の物理科学と工学の主役といっても過言ではありません。

振り子の問題

ここで「チックタック、チックタック」という振り子について考えてみましょう。実はあの振り子、学校で教わるような初等関数では、解析的に解けないんです！

振り子の動きは、高校の物理で習いますし、答えは出せますが、シンプルなバネ振動と近似するから解けただけで、本当はウソ（笑）。ここでの近似は、あまり大きく振れない（微小角度の近似）というものです。すごく小さな振れ幅のときは、確かにバネの単振動と同じ動きになります。

でも、大きく振れた場合には、カンタンには解けません。解けないといっても、専門家なら特別な解き方を知っていますが、一般の人が知っている関数（x^2、sin、cos、指数関数など）では解けないということです。この運動を記述するには「特殊関数」が必要で、特殊な関数であるがゆえ、その式を見ただけでは、その動きの特徴はイメージできません。

ところが、このような時、コンピューターなら、単に重力と振り子の長さを入れるだけで、簡単にその動き方をシミュレーションできるのです。特殊関数の形がわからなくても、単に運動方程式に数値を入れて、たとえば〇・〇〇一秒後の位置、さらに〇・〇〇一秒後の位置、というように少しずつずらしていくだけなんです。方程式さえあれば、動きの軌跡は描けてしまう。これがまさしく「数値的な解法」です。だから本当は解いているわけではありません。その方程式そのものを動かしてるようなイメージだといえます。

計算に使われる道具の変遷

馴染み深いニュートン方程式も、正確に解こうとするとすごく大変です。ええ、そうなの？　と思われるかもしれませんが、学校では解ける問題しかやらないんですね。ＪＡＸＡが打ち上げるロケットも、ニュートン方程式を用いて軌道計算をしますが、もちろん、数値計算をフル活用しています。実際、コンピューターがない時代にロケットを飛ばすことはすごく大変だったんです。

昔の人は、数値計算のために、計算尺という、ざっくりと数字のあたりをつけるための道具を持っていました。目盛りがたくさんついていて、これを駆使して数値計算をしていたんですね。ソロバンもコンピューターに近いものですが、昔の人は、ソロバンや計算尺を使ってシミュレーションをしなければならなかったので、すごく大変でした。

人間は、科学技術の進歩とともに、「思考の道具」を次々に変えてきました。紙と鉛筆は変わらずありますが、計算尺を使って数値計算をしていた時代もあるし、ソロバンが全盛だった時代もありました。今ではそれがパソコン、コンピューターにとって代わりました。しかもコンピュータの時代は効率も段違いです。

宮崎駿監督の映画『風立ちぬ』では零戦の設計場面が出てきますが、むかしのエンジニアは計算尺を使いこなせないとダメだった。今はコンピューターで数値計算ができないとダメ。時代とともに、エンジニアに求められる技能も大きく変貌しています。

二体問題と三体問題

前述しましたが、世の中に存在する方程式のほとんどは厳密には解けません。ニュートン力学の場合、物体Aと物体Bの間には万有引力が働いています。それをF＝maという式に入れて、その運動がどうなるかというのを計算するのがニュートン力学です。学校ではこのような問題しか扱いません。物体Aと物体Bの間の作用について考えるような問題は「二体問題」といいます。

では、物体が三つある場合はどうなるか？――たとえば、太陽とその周りを回る地球、地球の周りを回る月との間の作用はどうなるか？　実は、これは解析的には解けません。**二つまでは完璧に解けますが、いわゆる「三体問題」になってしまうと、解析的には解けなくなってしまう。**物体が三つになったら、もう、数値的に解くしか方法がありません。なんて悲しいことでしょう。

もちろん例外はあります。たとえば、同じ重さの物体が三つ、正三角形の三つの角のところにあるような特殊な場合は「三体問題」であっても解けます。

でも、太陽があって、地球があって、月があって、さらにその間に水星、金星があったりするような太陽系全体をニュートン力学で解析的に解くことは不可能です。

素粒子の世界でも同じで、素粒子が二つだけ関係するような計算は解析的に解けますが、三つになると、もうダメ。人類がきれいに解くことができるのは二つまで。三つ以上になると基本的には解けないので、昔は一所懸命、計算尺を駆使して、数値的、確率的に解いていたんです。

つまり、汎用性のある解き方というのは基本的には「数値的な解き方」であり、たとえば、モンテカルロ法的な確率的な解き方なんです。ただ、それはきれいな解き方ではないということで、数学者の多くは顔をしかめます。きれいに解けるところをとにかく厳密にやるのが、数学者の腕の見せ所ですから。

三つ以上の物体がかかわる問題を「多体問題」と呼びます。二体までは解けるけれど、三体以上は解けないというのが物理学の方程式の世界なんですね。

5

枠の「外」に出て発想の殻を打ち破ってみよう

——ソファ問題をざっくりと

アメリカの中学や高校の数学の時間に使われる有名な演習問題があります。その名も「ソファ問題」。いかにも色気のない題名ですが、これは引っ越しの際、できるだけ大きなソファを居間に運び込みたいので、ソファの形状を工夫し、面積を計算しなさい、という問題なんです。

ちなみに、この問題、子どもは一時間くらいかければ解けるんですけど、大人は意外と解けません。私が講演会で「ちょっと考えてみてください」と聴衆に問題を出しても、なかなか正解が出てこないんです。そういう意味で、カンタンなはずなのにムズカシイ問題だといえます。でも子どもが解けるわけですから、大人も**頭を柔らかくすれば解ける**はず。ですから、読者のみなさんは、少し時間をかけて考えてみてください。

ソファ問題は、幾何学の問題なので、**【ポリアの教え③：適当な記号を導入して図を描いてみよう】**が活用できるでしょう。とにかく、**仮説をどんどん立てて図を描いてみることが大切です**。

妻「あなた、せっかく新居に引っ越すんですから、今度こそ大きなソファにしましょうよ」

夫「いいね、この際だから、特注で本当にギリギリ最大のソファをつくらせることにしよう」

かなり不自然なシチュエーションかもしれませんが、数学の問題なのでお許しください（笑）。で、さらに不自然な条件がつきます。実際の引っ越し屋さんは、玄関から廊下を通って居間にソファを運び込むとき、通らなければソファを縦に立てて運び入れることでしょう。でも、「ソファ問題」では、ソファは立てたり斜めに持ち上げたりしてはいけません。床にくっつけたまま、それこそ「すり足」のようにして運び込まなければならないのです。数学的には（三次元ではなく）二次元平面の幾何学として考えよう、ということです。あ、言い忘れましたが、廊下は途中で九〇度に折れ曲がっていますのでご注意ください。途中で直角に曲がらないといけないので、ソファの形状にはかなりの制限がつくことになります。

以上をまとめるとソファ問題は、次のような問題を解くことに落ち着きます。

【問題】幅一メートルで、途中で直角に曲がっている廊下を通すことのできる、最大面積のソファの形状と面積を求めよ

仮説1：正方形の場合

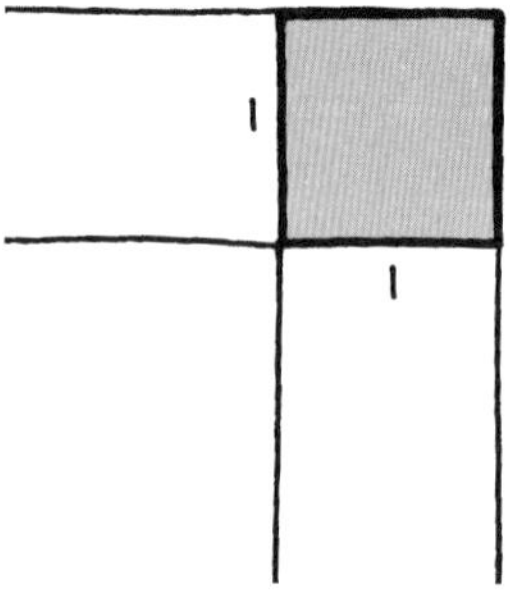

まずは、あたりまえに廊下を通過できる、比較的単純な幾何学図形から考えてみましょう。というわけで、最初は、ざっくりと正方形！

廊下を通せる最大の正方形は、言うまでもなく、縦横一メートルの正方形となります。廊下にぴったりはまる正方形のソファなら、直角に折れ曲がるところも楽にクリアできますからね。縦横一×一で、この正方形の面積は一平方メートルです。

仮説2：長方形の場合

次に、同じ方向で考えて、「横を少し長くしたら？」どうなるでしょうか。また、ざっくりと図を描いてみましょう。

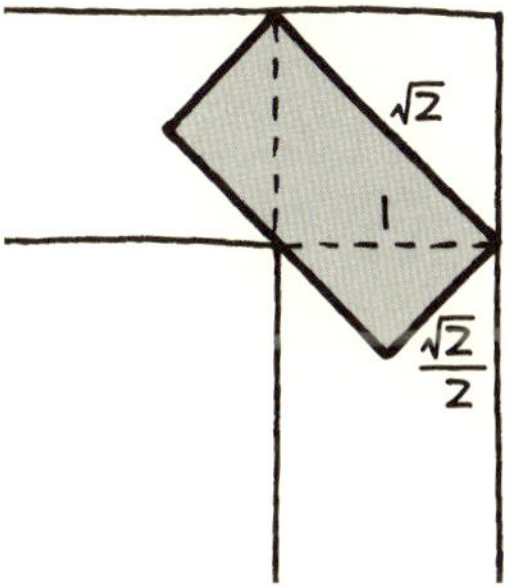

いかがでしょう？　横幅を$\sqrt{2}$倍（ざっくりと一・四倍）にしてみました。長くしすぎると、直角のところで行き詰まってしまうことは明らかです。その角でクルッと「回転」させなくてはいけないので、横を長くしたぶん、縦は一メートルより短くしなければなりません。読者のみなさんも、いろいろやってみてください。

（あの、問題をじっくり考えることが大切なので、ここでいったん留まって、頭の中だけでもいいので、長方形が廊下を回る場面を思い浮かべてみてください。紙と鉛筆で絵を

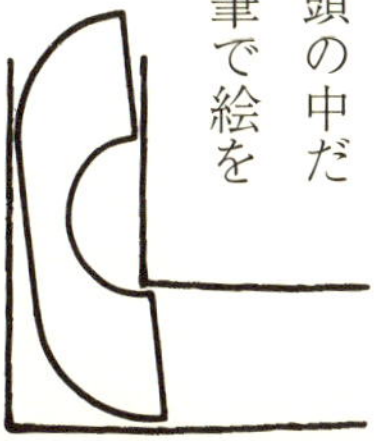

描いてみるのもいいでしょう！）

いかがでしょうか。なんと、驚くべきことに、長方形のソファの面積は、一平方メートルを超えることができないのです！

ですから、「正方形を長方形に変える」ことは、この「ソファ問題」に関しては、まったくメリットがないんです。さあ、困りました。

でも、めげずに考え続けましょう。お次は、やはりシンプルな幾何学図形である三角形ではどうでしょうか。

仮説3：三角形の場合

あれ？　この図を見るかぎり、三角形にしたことにより、なんだか面積が増大したような気がしませんか？　角を曲がるときの絵を描いてみると、高さは一メートルで、底辺は二メートルまで可能なことがわかります。しかし……慧眼な読者は、もうお気づきだと思いますが……残念ながら、三角形の面積の公式は、「底辺×高さ÷2」なのです。この最

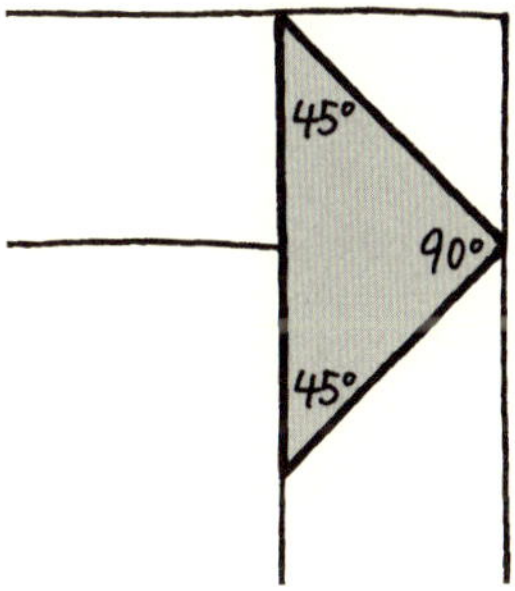

後の「割る2」があるために、せっかく底辺が二メートルになっても、三角ソファの面積は「底辺2×高さ1÷2」で、一平方メートルのまま（だいたい、三角形のソファなんて座り心地が悪そうですがね！）。

うーん、ここまでのところ、正方形から始めて、応用として長方形、三角形と試したにもかかわらず、最大面積は一平方メートルのままで全然増えないのです。

ここら辺で、もしかしたら読者の頭の中には、一つの疑念が浮上してきたのではないでしょうか。あれ？　竹内さんの講演会のテーマは「発想法」が多いよね？　頭を柔らかくして仮説で考えよう、というコンセプトだっけ。でも、ここまで三つ出てきたものはぜーんぶ一平方メートル。もしかしたら、この問題は引っかけで、いくら頑張ってもソファの面積は一平方メートルを超えないのでは!?――きわめてまともな疑いですが、ハズレです（笑）。

ここで、読者の疑念を払拭するために、先に答えを少しお教えしましょう。なんと、ソファの面積は、最終的に二平方メートルを超えてくるんです！　ええええ？　今の倍以上の

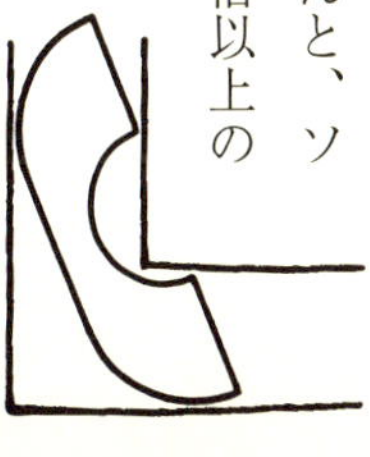

面積になるの⁉　みなさん、この数字、信じられますか？

まあ、この問題は引っかけじゃなかったわけですが、みなさんの発想は決して悪くありません。**「引っかけ仮説」を考えることは、自分で積極的に状況判断を行なっている証拠ですし、そういった疑いが功を奏する場面も人生では多いに違いありません！**

さてさて、長らくお待たせいたしました！　ようやく仮説の「飛躍」が訪れます。ソファ問題では、廊下と幾何学図形を静止状態で眺めていてもなかなか答えには到達しません。常に直角をうまく曲がる様子を「ダイナミック」（動的）に思い浮かべないとダメなんです。

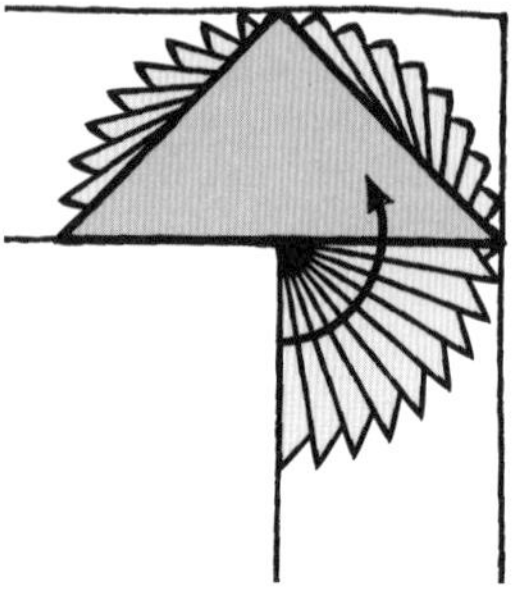

この図から何が見えてくるでしょうか？

というわけで、動きをイメージしてみて！　たとえば、仮説3の三角形が、廊下の曲がり角まで来て、グルリと回転する様子を頭の中で思い描いてみてください。もちろん、ざっくり絵を描いてくださっても結構です。そのときの「軌跡」を追ってみることにしましょう。三角形の角は、はたして、どういう線を描いて通っていくのか。

三角形が廊下の角に差しかかって、底辺の右端が角を曲がり始める……また元の位置に戻して、何度も三角形全体の軌跡を思い浮かべてみましょう。すると、何か見えてきませんか？

仮説４：半円の場合

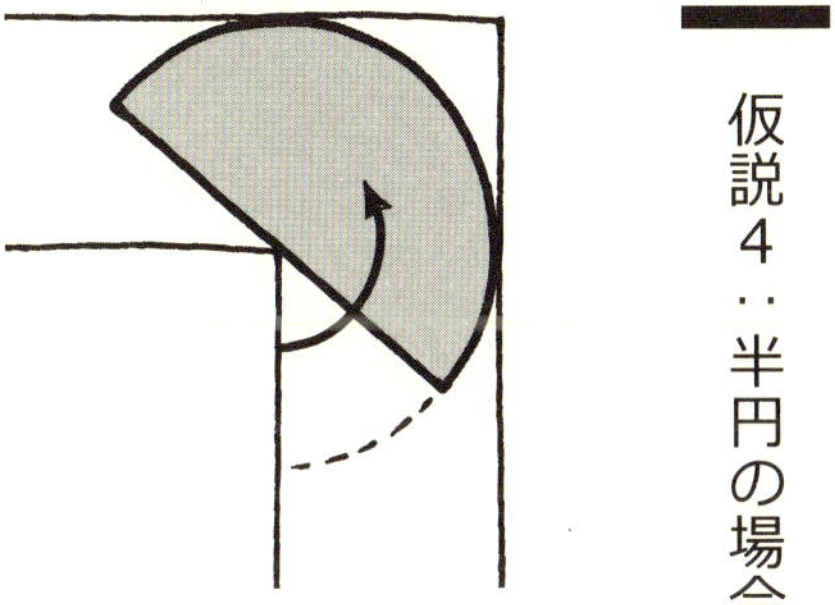

そうなんです。三角形の各頂点がどのような軌跡を描くかを実際に描いてみると、なんと「半円」になっているではありませんか！　つまり、三角形が通るなら、半円も当然、通るんです。ようするに、三角形の二辺に三日月型の「肉付け」を行なっても、直角を曲がるのには差し支えないんですね。

では、実際に面積を計算してみましょう。直径が二メートルの半円の面積は（半径が一メートルなので）、$\pi \times 1^2 \div 2 \fallingdotseq 1.57$ 平方メートルとなります。ちょっと肉付けしただけで、一気に面積が五七％も増えてしまいました。これは大きな飛躍です。最初の三つの仮

説はすべて一平方メートルでしたが、突然、五七％も面積の大きなソファが登場したのです。

発想の転換

しかし、おかしいじゃないですか。さっき私はソファの面積が最終的に「二を超える」といいましたよね？　でも、今はまだ一・五を超えただけです。いったいどうなっているのでしょうか。

それにしても、半円が廊下を曲がるときは、もうキチキチで、これ以上大きなソファなんか作れそうにありません。どうやって、これ以上、肉付けすればいいのでしょうか？　誰でも途方に暮れてしまいます。

行き詰まったときは、いったん立ち止まって、問題点を整理してみるのが得策です。

ここまで一体何をやってきたか……とにかく「大きくしよう」「大きくしよう」と必死に知恵を絞って、最後は三角形に肉付けをして半円まで持ってきました。

大人になると、我々はついつい、同じ方向に考えを向けがちです。今の場合であれば、三角形から半円への飛躍と同じ方向に進もうとしてしまうのです。なぜかといえば、それが「成功体験」だからです。前に成功したことは次も成功する……とはかぎらないのですが、暗中模索の状況で、人は何かにすがりたくなるのですね。となると、過去もしくは他人（他社）の成功体験を追ってしまうのが人情というものです。

しかし、ソファ問題に関しては、「肉付けをする」「大きくする」という発想では限界なんです。その発想をかなぐり捨てないかぎり、ここで終わりなんです。

そこでちょっと目線を変えてみましょう。この章の冒頭で、ソファ問題は、子供にはカンタンだけれど大人にはムズカシイと、書きました。それはいったいなぜでしょう？　実際に子供たちが数学の授業でソファ問題にアタックするとき、彼らはいったい何をしているのでしょうか？

実は、子供たちは「遊ぶ」のです。この問題を解くとき、子どもたちは「工作」と組み合わせて、実際に廊下の模型を（ボール紙などで）つくり、**粘土でいろいろなソファの形をつくって試行錯誤を繰り返します。この素朴な方法が、意外と答えへの近道になったりします。**大人が頭の中で延々と考えても思いつかない答えを、子どもたちは粘土で遊びながら楽々と探してしまう！

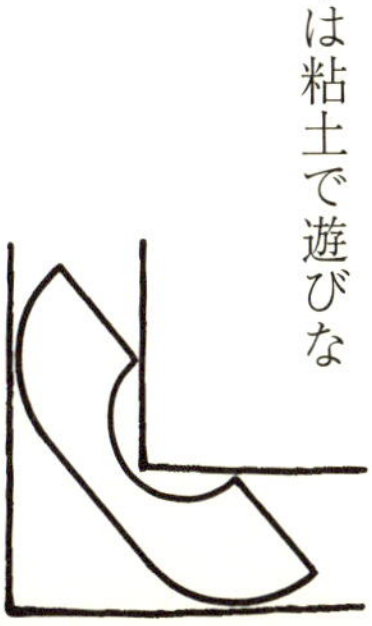

粘土で試行錯誤を繰り返して三〇分くらいたつと、大体、子どもも半円まで到達します。しびれを切らす子も出てくるし、辛抱できない子もいる。考えたくない子もいる。すると何が起きるか——。段々だんだん、ざわざわ、ざわざわとなってくる。ふざけ始める子、無理やり通してしまう子も出てきます。そして、**子どもたちが使っている粘土に曲がり角の辺りで何が起きるかを想像してみることにより、次なる仮説の飛躍がやってきます**。粘土を角に押し付けて無理矢理通そうとしていると、自然と次の答えにたどり着くことに……。

仮説5：ハマースレー型の場合

半円より大きな面積をもつソファは、「肉付けをする」という方向では決して到達することができません。「面積を増やすのだから、これまでの最大面積のものにさらに肉付けすればいいに決まっている」。たいていの人はそう考えますから、かえって答えから遠ざかってしまうのです。

半円よりさらに面積が大きなソファは（発見者の名をとって）「ハマースレー型」と呼

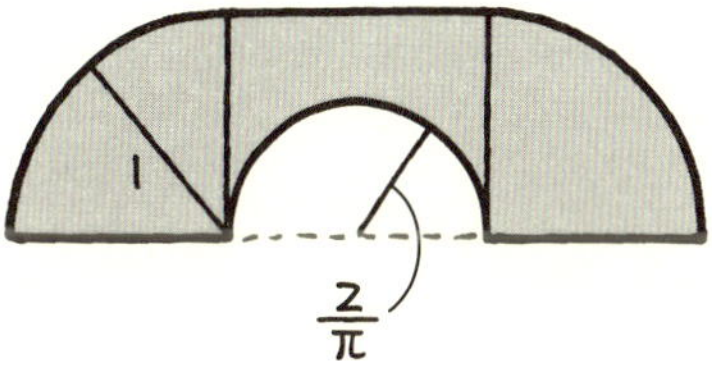

最大面積のハマースレー型のソファ

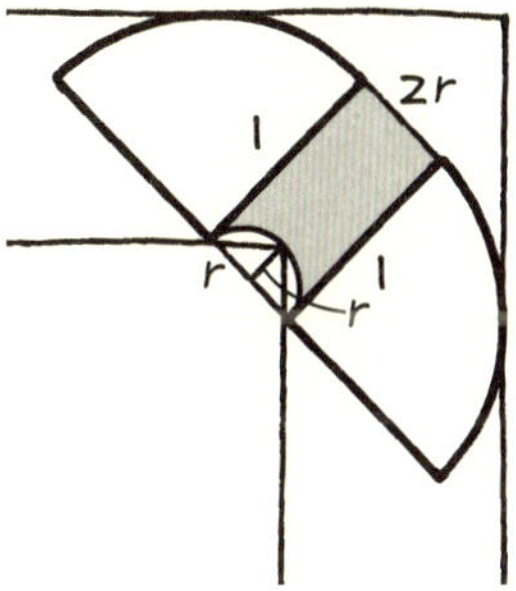

ばれています。このソファは廊下を直角に曲がるとき、内側の角のところが削れて小さな半円の部分だけ沈み込みます。つまり、半円を左右に余計に拡げても回転できる仕組みになっているのです。半円を真ん中から左右の二つに切って、真ん中に「長方形から小さな半円をくりぬいた」部分をはさみこんでも大丈夫なんです。この部分が純粋に増えた部分になります（この真ん中にはさまれた部分を最大にするのは数学の計算問題になります。ご興味のある方は章末の「答案用紙」をご覧ください）。

子どもは、グリグリ通そうとして角が削れて、それでも無理やり通してしまいます。「削れてしまうから減るじゃない？」と思われるかもしれませんが、問題は、削って減った分と、それによって空いた隙間に肉付けできる分とどっちが多いか、という話なんです。そして、子どもは「遊び」の結果、自然とソファの面積が拡がることに気づくのです。

このハマースレー型のソファの面積は、約二・二〇七四平方メートル。なんと、最初の一平方メートルと比べて一二〇％以上の増加になります。まさに、**押してもダメなら引いてみな。この驚くべき面積の増加は、肉付けしようという発想を棄てた、思わぬ逆転の発想により、もたらされたのです。**

しかし……実は……これでも、まだ話が終わったわけではありません。

このハマースレー型をもう少し洗練すると、さらに〇・五％ばかり面積を増やすことができるのです！

仮説6：ガーバー型の場合

ハマースレー型とほとんど変わりませんが、コンピューターの数値計算をやると、もう少しだけ面積が増えるんです。それは「ガーバー型」といい、ガーバーさんという方が初めて計算したのです。ところどころ、少し丸みを帯びているのがおわかりになるでしょうか。この丸みのおかげ回転するときに「隙間」ができて、ハマースレー型より少しだけ面積を拡げることが可能になります（ガーバー型に関する英語論文にご興味のある方は https://www.math.ucdavis.edu/˜suh/gerver-moving_sofa.pdf をご覧ください）。

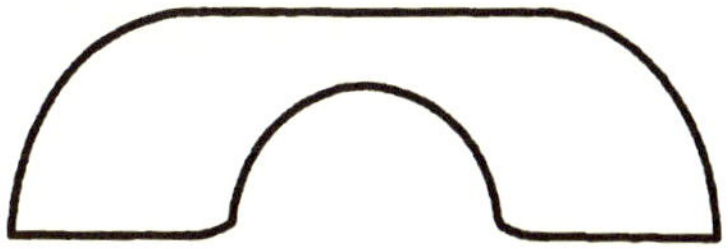

ガーバー型

現実の世界は未解決問題ばかり

学校で解く数学の問題は、ほとんど答えが決まっています。だから皆、解けると思っているんですね。でも、現実の数学の問題は、実は、ほとんど解けないんです。解けないか、まだ答えがわかっていないか。

このガーバー型のソファですら「本当に最大」かどうか、まだわかっていません。世界中の数学者がこの問題に興味を抱いて答を見つけようとしているのですが、はたしてガーバー型のソファが最大なのか、さらに工夫すれば大きくできるのか、わかっていないのです。つまり、この問題は「未解決問題」なのです！　未解決問題といえば、すぐに「リーマン予想」とか、グリゴリー・ペレルマンが二〇〇二〜〇三年にかけて解決した「ポアンカレ予想」とか、一〇〇年ぐらいかけて数学者たちがようやく解くよう

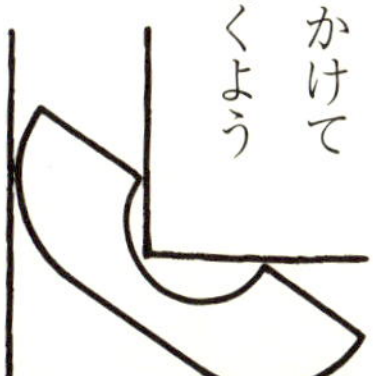

な問題が頭に浮かびますね。でも、ソファ問題だって、立派な未解決問題なんです。

実際、**現実の世界で数学者たちやエンジニアたちがやっている問題は、未解決問題のことがほとんど。だれもこれまでに解決したことがないし、答えがあるかどうかもわからないような問題に挑戦しているんです**。ソファ問題は、いみじくも、そんな理数系社会の現実を垣間見させてくれる、良問だったんですね。

いやはや、子どもと違って大人には大変な「授業」だったかもしれませんが、この問題は単なる数学の問題を超えて、さまざまな教訓を含んでいるように思われます。もしかしたら子供たちが将来、数学者になって、〝㊇㊔型ソファ〟を発見するかもしれない。なんだか夢のある話じゃあ、ありませんか。

■ 答案用紙：S（r）を最大にするrの解法①・②の計算 ■

の面積 $S(r)$ を最大にする r を求めるために、

まず、$S(r)$ を r で表すと
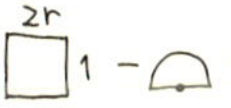

$= 2r - \frac{\pi}{2}r^2$ となる

そこで $S(r)$ を最大にする r を以下の2通りの求め方で求めてみる。

【解法①：平方完成（中学数学で習う）を用いる解法】

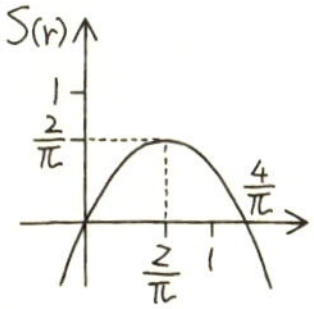

$S(r) = 2r - \frac{\pi}{2}r^2 = -\frac{\pi}{2}\left(r^2 - \frac{4}{\pi}r\right) = -\frac{\pi}{2}\left(r - \frac{2}{\pi}\right)^2 + \frac{2}{\pi}$

よって $r = \frac{2}{\pi}$ のとき $S(r)$ は最大値 $\frac{2}{\pi}$ となる。

【解法②：微分（高校数学で習う）を用いる解法】

$S(r) = 2r - \frac{\pi}{2}r^2$ を r で微分して、$S(r)$ 曲線の傾きが

ゼロ（つまり最大値）のときの r を求める。

$S'(r) = \frac{d}{dr}S(r) = \frac{d}{dr}\left(2r - \frac{\pi}{2}r^2\right) = 2 - \pi r$ がゼロを満たす

r を求めると　$2 - \pi r = 0$

$r = \frac{2}{\pi}$

よって $r = \frac{2}{\pi}$ のとき $S(r)$ は最大値 $\frac{2}{\pi}$ となる。

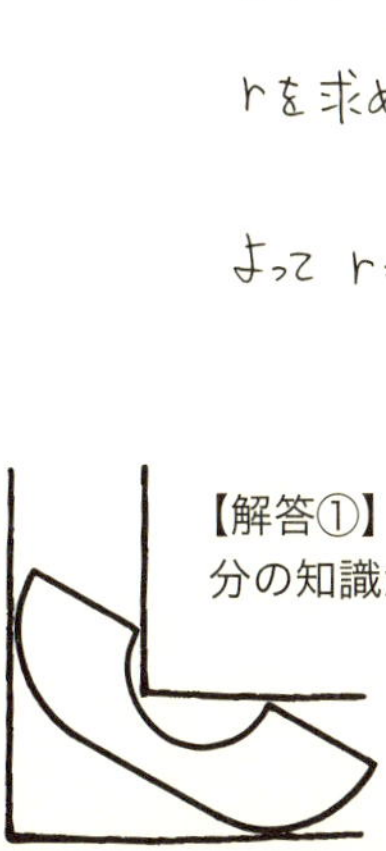

【解答①】は【解答②】に比べると計算間違いを起こしやすい。微分の知識があると容易に解を求めることができる

6

もっと一般化して考えてみよう

——モンティ・ホール問題をざっくりと

モンティ・ホール問題という数学の問題をご存じでしょうか？　私が講演会やカルチャーセンターの講義でよく使う話題なのですが、もとは七〇年代のアメリカの人気クイズ番組からきています。「レッツ・メイク・ア・ディール」（直訳すると「取引しましょう」）というそのクイズ番組（日本のテレビでも「仰天がっぽりクイズ」という番組名で日本語吹き替え版が放送されていた時がありました）の名物司会者がモンティ・ホールさんだったのです。

モンティ・ホール

このクイズ番組では、挑戦者が最後まで勝ち抜くと、新車などの豪華賞品が用意されています。といっても、最後まで視聴者をハラハラドキドキさせる趣向として、「三つの扉」という最終ゲームをしなくてはなりません。三つの扉のどれか一つに豪華賞品が隠れていて、残り二つはハズレ（なぜかヤギさんがメェーと鳴きます）。つまり、挑戦者は三分の一の確率で豪華賞品を手に入れることができるのです。

ところが、挑戦者が自分の扉を選んだ後に、最後の「誘惑」が待っています。なんと、モンティ・ホールさんが、「本当にその扉でいいんですか? 別の扉に変えてもいいですよ」と、悪魔のようにささやくのです! 何だか、テレビ番組「クイズ＄ミリオネア」で、みのもんたさんがファイナル・アンサーの前にささやいていた言葉に似ていますね。

たいていの人は、こうささやかれても、「ふん、そんな誘惑に負けて選択を変えた結果、賞品がもらえなかったら悔しいじゃないか」と考え、あまり司会者の言葉には耳を貸しません。私が講演会や講義でアンケートをとると、だいたい九割の人が、最初の選択のままでいくと答えます。初志貫徹ということなのでしょう。他人の言葉に惑わされて失敗しても、だれも責任をとってくれませんからね。また、最初の自分の直感を信じたい、という気持ちも強いのだと思います。

情報の動的な把握が未来を決める

さて、「クイズ＄ミリオネア」はさておき、「レッツ・メイク・ア・ディール」の場合、モンティ・ホールさんは、さらに状況を複雑にして、「じゃ、私が扉を一つ開けてさしあげましょう」といって、ハズレの扉を一つ開け放ってしまいます。もちろん、モ、ン、テ、ィ、・ホ、ー、ル、さ、ん、は、どの扉が当たりかを知っているので、ハズレの二つの扉のうちの一つを開けるのです。

そして、ふたたび、こうささやきます。「どうしますか？　もう一つの扉に変えてもいいですよ」。うーん、これは迷いますね。今や問題は三択から二択になりました。読者の皆さんだったら、モンティ・ホールさんのアドバイスを聞いて選択を変えますか？　それとも、最初に選んだ扉のままにしますか？「どうせ確率は二分の一なんだから、どっちの扉を選んでも同じじゃないか！」もしかしたら皆さんは、そう考えたかもしれません。

ところが……その「二分の一」という確率計算は数学的には正しくないのです。「そんなバカな！」と思われるかもしれませんが、数学において厳密かつ論理的にたどりついた結論は、どんなに感情的に受け入れがたくても、真理として受け入れなくてはなりません。そして、モンティ・ホール問題の場合、数学は、「選択を変えたほうがおトクですよ～」と、教えてくれるのです。

百聞は一見に如かず。まずは、ざっくりと図を描いてみましょう（【ポリアの教え③：

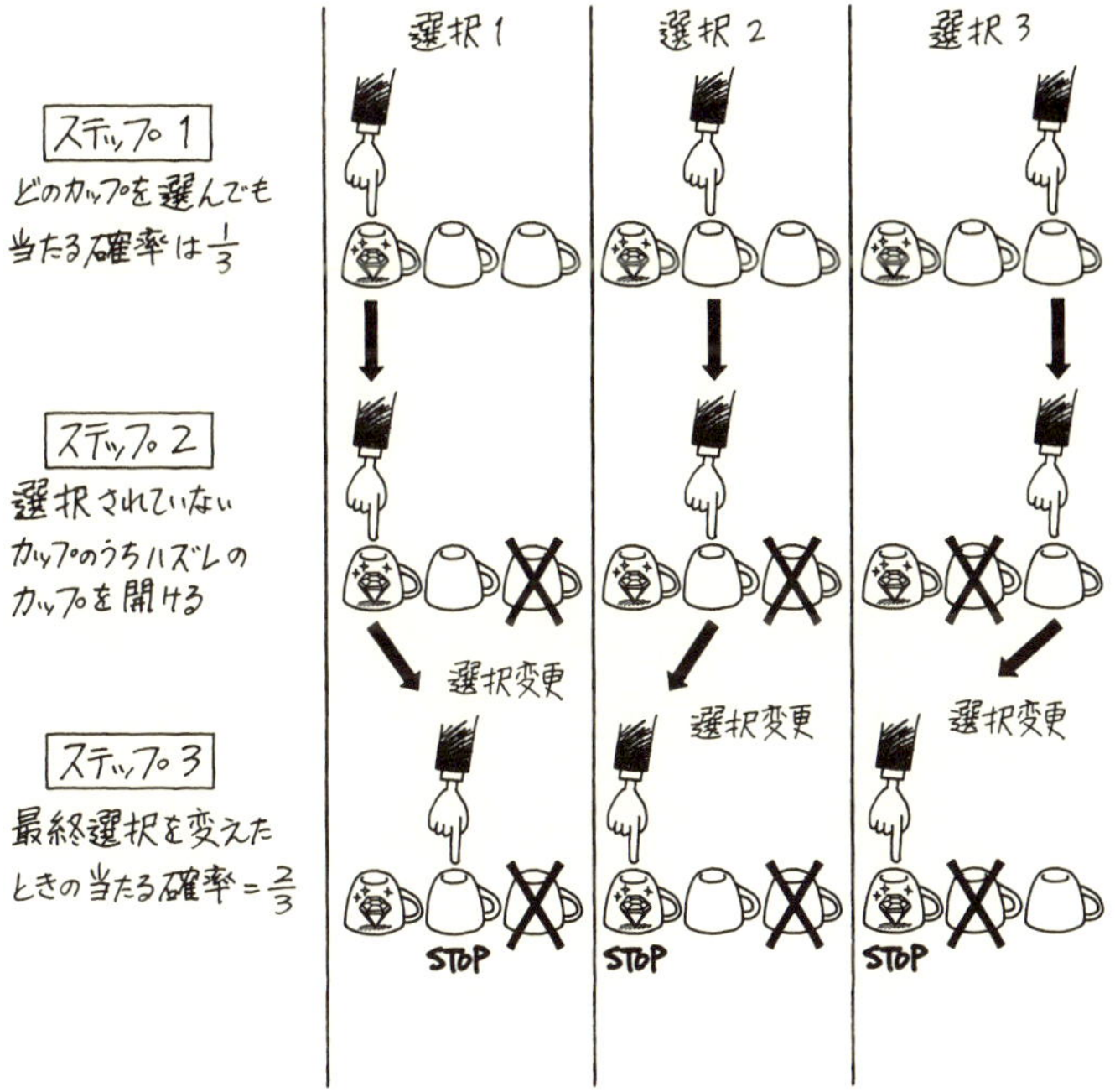

モンティ・ホール問題の確率を図解してみると

適当な記号を導入して図を描いてみよう】)。三つの扉の代わりに三つのカップになっていますが、話は同じです。

一番上の段に最初の三つの可能性が描いてあります。挑戦者は三つの選択をすることができて、そのうち一つが「当たり」なのですから、賞品を手にする確率は三分の一というわけです。この計算は大丈夫でしょうか？（あまりにもあたりまえ

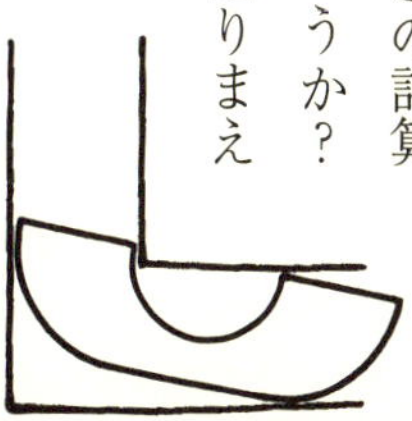

なので、講演会では、たいてい、ここで会場から笑い声がもれる！）

次にざっくり図の二段目をご覧ください。モンティ・ホールさんがハズレのカップのうちの一つを開けてしまいました。このまま選択を変えない場合、当たっているのは三つの可能性のうちの一つで前と変わりませんから、確率は依然として三分の一のまま。

最後に三段目です。もしもあなたが選択を変えたなら……よろしいですか？　選択を変えるのですから、指をもう一つのカップに移動させてください……な、なんと、あ、あ、あなたの指の下に賞品があるのは三つの可能性のうちの二つ、つまり、確率が三分の二に倍増するのです！　つまり、ざっくり図を見るかぎり、モンティ・ホールさんの悪魔のささやきには耳を傾けたほうがおトクだということになります。うーん、何だか狐につままれたような感じがしませんか？

モンティ・ホール問題は、数学の問題としてもおもしろく、もちろん、きちんとした計算をしても同じ結論が出ます。でも、この問題は数学を超えて、より一般的な「考え方」の問題としてもさまざまな教訓を含んでいます。我々は、えてして、いま見えている部分だけに目が行きがちです。今の場合、目の前の二つの扉（カップ）しか目に入らなくなって、確率は二分の一だと早合点してしまうのですね。

でも、よくよく考えてみれば、扉はもともと三つあったんです。それを忘れてはいけません（【ポリアの教え⑱：すべての条件を使えたかチェックしてみよう】および【ポリアの教え⑲：問題に含まれる本質的な概念をすべて考慮できたか確認してみよう】）。

最初に扉を選んだ時点で、「挑戦者が選んだ扉が当たりである確率は三分の一」であることは明白です。同時に、「挑戦者が選ばなかった『残り』が当たる確率は三分の二」であることも明らかでしょう。モンティ・ホールさんがその「残り」に何をしようと（扉を蹴飛ばそうが、暴言を吐こうが、扉を開け放とうが！）、挑戦者が選んだ扉が三分の一、選ばなかった扉が三分の二の確率で当たることは紛れもない事実です。

紛れもない事実

・あなたが選んだ扉が当たる確率＝三分の一
・あなたが選ばなかった「残り」が当たる確率＝三分の二

ここは重要なので、しつこいようですが、くりかえします。最初から二択だったなら、もちろん当たる確率は二分の一ですが、この問題では、初めは三択だったのです。そこが

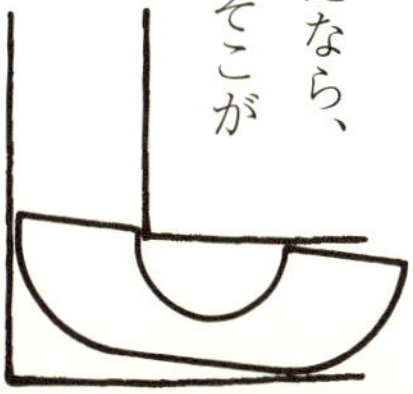

ポイントです。**過去を含めた全体像を見なければダメ**なのです。過去の経緯を無視して、今の状態だけで考えると、大切な情報を見落とすことになってしまいます。うーん、直近の情報を無意識のうちに重視してしまうのは人間の性《さが》なのかもしれませんが、ここには大きな罠があるのですね。

では、この状況をどうすれば打破できるかというと、**一般化すればいいんです**（**【ポリアの教え⑫：もっと一般化して考えてみよう】**）。三つだから混乱するんです。三つだからだまされちゃうんです。問題の本質がよく見えてこないときは、一般化、いいかえると、数字を大きくしてみると、よく見えるようになる場合があります。

今の場合、扉（カップ）が三つだったのが二つになっただけなので、数字の変化が少なすぎて、うまく直感が働かないのです。そこで数字を一般化して（といっても、数がnではなく、ざっくりと、）最初に扉が一〇〇あったとしましょう。あなたは、そのうちの一つを選びます。もちろん、その扉が当たる確率は一〇〇分の一ですよね。そして、あなたが選ばなかった「残り」が当たる確率は一〇〇分の九九になります。

一般化された事実

・あなたが選んだ扉が当たる確率＝一〇〇分の一
・あなたが選ばなかった「残り」が当たる確率＝一〇〇分の九九

さて、モンティ・ホールさんは、「残り」、つまり選ばれなかった九九の扉をどんどん開けていきます。「一つ目はハズレ、二つ目もハズレ、三つ目もハズレ……」。ところが、途中でモンティ・ホールさんは一つだけ扉を飛ばしてしまいます。その途中の扉だけは開けないで先に進むんですね。でも、なぜ、その特定の一つの扉だけ、開けないでスキップしたのでしょうか？　もちろん、九九の扉を全部開けてしまったらまずいわけで、一つだけ残しておかないと、二択になりません。でも、この「開かずの扉」、どうしても気になりますよね（笑）。

続けましょう。「……九七個目もハズレ、九八個目もハズレ！」。今や、あなたの目の前には、最初にあなたが選んだ扉と、「残り」のうち一つだけ閉まったままの「開かずの扉」があります。さあ、いったい、どちらの扉の向こうに豪華賞品はあるのでしょう。

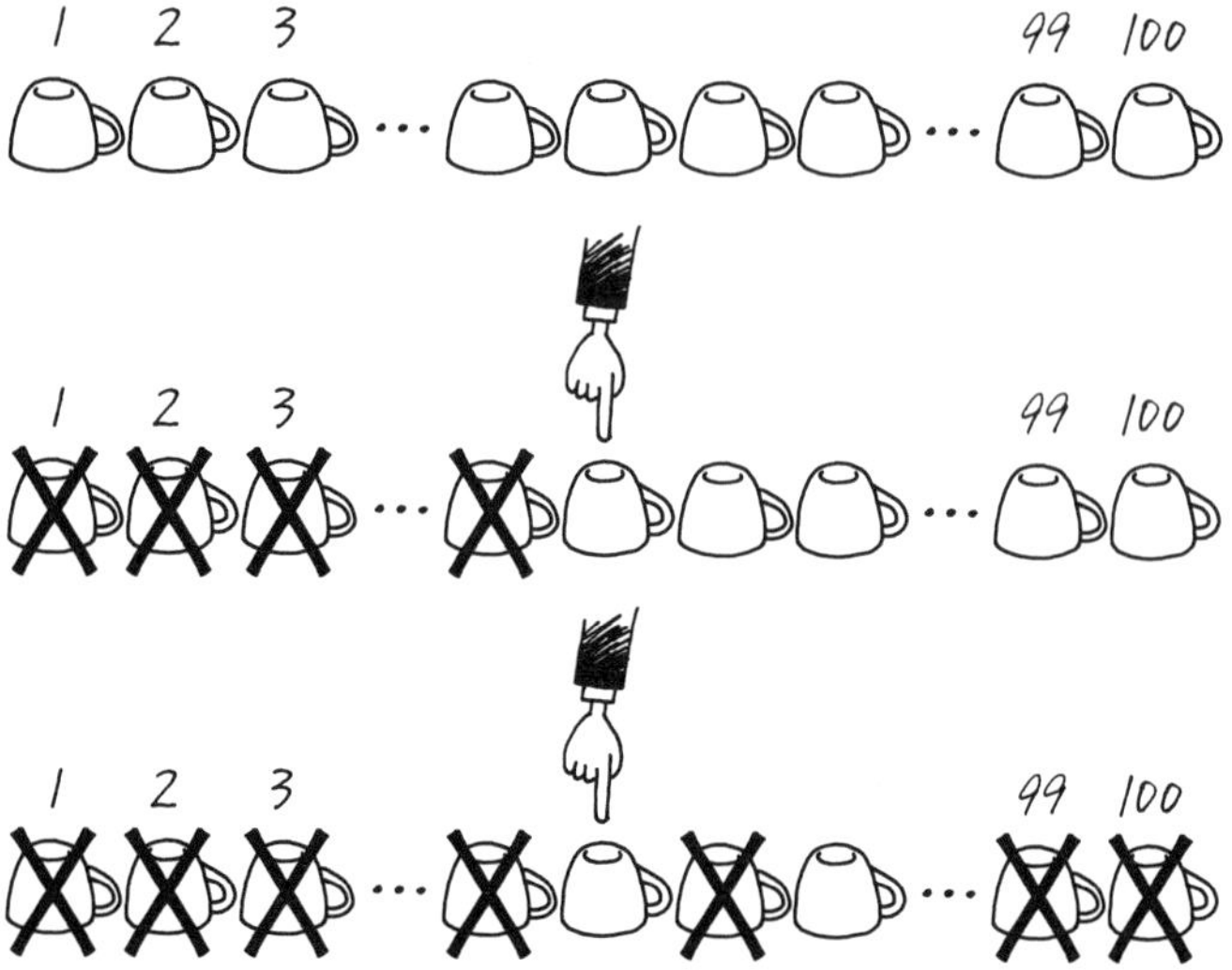

カップが 100 個あって特定の 1 個を飛ばして開けると

もう読者のみなさんには、おわかりでしょう。なぜ、モンティ・ホールさんは、「残り」九九個のうち、特定の一カ所だけを開けなかったのでしょうか？　これは、だれが見ても、不自然に飛ばされた扉の向こうに賞品があるに違いない、と感じますよね。モンティ・ホールさんは、十中八九、いや、「百中九十八九(?)」、その扉を開けることができなかった。なぜなら、そこに賞品があったから！　ほとんどの人は、そう直感するはずです。

　実際、数字を使った確率計算では、あなたが最初に選んだ扉が当たる確率は一〇〇分の一で、モンティ・ホールさんが開けなかった扉が当たっている確率は一〇〇分の九九になるのです。こうやって、あいまいな状況も数を一般化して大きくすると、とたんに直感で怪しいことがわかるようになります。

だいたい、この話をすると、一〇〇の例を話し始めた途端、みなさん、大笑いするんですよ。おのずと気づくんですね。三つではわからなかったんだけれども一〇〇にしたときにはあまりにも簡単で、ばかばかしい。なのに、自分は三つのときに数学的に有利な選択をしていなかった。だから、無性におかしくなるんでしょうね。

マジックや詐欺では、このように人間の直感が働きにくい状況をわざとつくって、観客や被害者を欺くことが多いのです。**よく理解できない状況に遭遇したら数字を極端に変えてみてください。**きっと、その状況の本質が直観的にわかるようになるはずです。

もちろん、逆のときもあって、数が多くて何を言っているかわからないということもあるんです。**問題が複雑な場合なときにデカルトが「問題を分割して解け」と言ったことは有名です。**そんなときは、逆に数をすごく少なくするということもよくやるんですよ（**【ポリアの教え⑬：もっと特殊化して考えてみよう】**）。

たとえば、一〇〇も条件があってどう手をつけていいかわからない場合だったら、シン

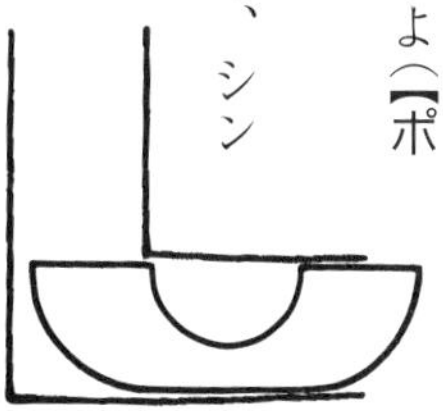

プルに三つにしてみましょう、四つにしてみましょうとやっているうちに、三つなら解ける、四つなら解ける……となって、パターンが見えてきて、一〇〇も解けるということがあるんです。

統計的手法による検証：マリリンさんに聞け

ここで、モンティ・ホール問題にまつわるエピソードを一つお話ししておきましょう。『パレード誌』に「マリリンに聞いてみよう」という名物コラムがあります（http://www.marilynvossavant.com/）。世界一ＩＱが高い（といわれていた）マリリン・ヴォス・サヴァントさんのコラムです。

マリリン・ヴォス・サヴァント

　そのマリリンさんが、あるとき、「レッツ・メイク・ア・ディールでは、モンティ・ホールさんのアドバイスを受け入れて、選択を変えたほうが当たる確率が倍になる」とコラムに書いたところ、全米からものすごい数の「反論」が届いたんです。その中には、世界的に著名な教授もいて、このマリリンさんを厳しく叱っていたんですよ。数学者が、「あなたみたいな影響力のある方が、こんな単純な間違いをされては困ります」という手紙をマリリンさんあてに書いたんです。で、マリリンさんは、計算をしてみせる代わりに、選択を変える人と変えない人とで、どれくらいの頻度で賞品を獲得できるか、検証してみたんです。その結果、選択を変えた人のほうが倍の頻度で賞品を手にできることがわかりました。クイズ番組の熱心な視聴者なら、経験的に「変えたほうがおトクだ」と知っているのに、世界的に著名な数学者のほうが間違ってしまうこともあるんですね。

マリリンさんは数学の専門家ではないんだけれど、「世界一ＩＱが高い」という売り文句はダテじゃないんですね。本質を見抜くような力を持っているから、マリリンさんにとっては、モンティ・ホール問題の答えは、当たり前だったんでしょう。

この問題には、数学だけではなくて、いろんな要素があります。人間が心理的に「現状維持をしたい」という願望に強く依存しているという問題もあるし、あと直近の情報に引っ張られてしまって、全体像を見ないという側面もある。**一般化することによって一気に問題があらわれてくるという側面もあるんです。**

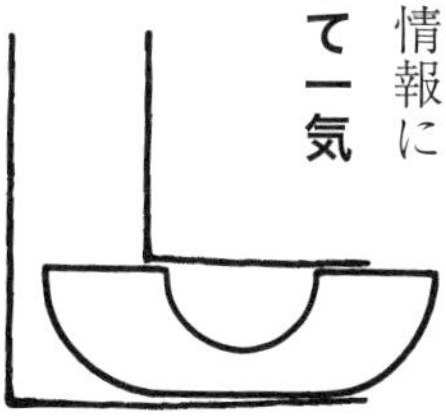

正しい解法がわからなかったら実験してみよう

数学に限りませんけれども、いろいろな問題で、**すぐに答えが計算できないときには、シミュレーションをやればいい**んです。実験するというのは実はすごく重要で、「ディスカバリーチャンネル」（アメリカのケーブルテレビネットワークチャンネルで世界最大のドキュメンタリーチャンネル）の「怪しい伝説」という番組でもこのモンティ・ホール問題の検証を取り上げたことがありました。

そのとき、番組では数字上の検証と同時に、心理学的実験もやっていたんです。「選択を変えますか？」と訊かれたときに、どれくらいの人が選択を変えるのか、統計をとってみたんですね。みなさんは、どれぐらいの人が変えると思いますか？　なんと、驚くべきことに、ほとんどの人が選択を変えないのです。この番組での実験では、二〇組くらいでやったら、全員、変えなかった（笑）。すでに述べたとおり、私も講演会でモンティ・ホール問題を紹介するときに会場で手をあげてもらうんですが、ほとんどの人は、この状況で選択を変えません。いったい、なぜでしょうか？

一つの可能性は、根拠なしに自分の直観を信じていること。第一印象を重視しているのではないでしょうか。でも、よくよく考えれば、扉は全然透けていませんし、三分の一の確率だから、最初、どこに賞品が入っているのかは絶対にわからない。たまたま三つのうちのどれかを選んだだけなんですよ。にもかかわらず、選んだ途端、その選択に何か意味があるかのように感じて、心理的に束縛されてしまう。根拠はないんだけれど、自分の選択を正当化したくなる。

二つ目の可能性は、モンティ・ホールさんが別の扉を一つ開けて、「変えてもいいですよ」と誘惑してくる理由がわからないので、漠然とした不安を感じるから、動かない。人間は、何か裏があるゾ、と感じたら、余計な行動はしないんです。動物が何か不穏な気配を感じたらじっとしているじゃないですか。虫だって死んだフリをしますよね。それと同じ心理が働いているのかもしれません。

第三の可能性もあります。人間は、常に確率的、数学的、論理的に行動しなくちゃいけないわけではありません。実際、自分がせっかく選んでいたのに、モンティ・ホールさんのアドバイスを受け入れて、選択を変えた結果、ハズレてしまう場合もある。それってものすごく悔しいですよね。後悔したくないので、自分の責任で選んだ最初のものにすがりつくのかもしれません。

モンティ・ホール問題から垣間見える人間の心理

・根拠はないけれど、自分の選択を正当化したい？
・不安なのでじっとしている？
・他人の意見に左右されて後悔したくない？

クイズ番組だけならいいんですが、似たような局面は人生にたくさんあります。その都度、冷静かつ論理的な計算ではなく、ここで指摘したような心理に流されていると、報酬も出世も幸せも、常に二分の一になってしまいます。

長い目で見ると、**論理的に生きたほうが得ということです。要するに人生は確率なんです。同じような状況が起こったときに毎回ちゃんと確率を計算して行動している人のほうが全般的に得するんですよ**。というわけで、根拠のない直感や心理には要注意！

勝ち抜いた挑戦者が最後に挑戦する「三つの扉」というゲーム。「扉1」がアタリ（賞品ゲット）だと知っている司会者のモンティ・ホールさんは、挑戦者が選んだ扉に対して、一つの「ハズレ」の扉を開けてくれます。この状態で、再度、選択した場合、下の表のように、選択を変えないときの当たる確率は1／6、選択を変えたときの当たる確率は1／3となります。つまり、変えたときの方が変えないときより当たる確率が2倍になることがわかります

勝ち抜いた挑戦者が選ぶ扉	各扉のアタリの確率	モンティ・ホールさんが下記のハズレと分かっている扉を開ける確率（※扉1のときは残り2つの扉のどちらも開けることができる）		選択を変えないときの各扉のアタリ／ハズレ	選択を変えたときの各扉のアタリ／ハズレ
扉1	･1/3	扉2	1/6(=1/3 × 1/2)	【アタリ】	【ハズレ】
		扉3	1/6(=1/3 × 1/2)	【アタリ】	【ハズレ】
扉2	･1/3	扉3	1/3(開けるこのとできる扉は一つに限定される)	【ハズレ】	【アタリ】
扉3	･1/3	扉2	1/3(開けるこのとできる扉は一つに限定される)	【ハズレ】	【アタリ】

7

集められたデータの本質を見抜いてみよう

——統計的手法でざっくりと

グラフの目盛り

統計ほど現代社会で必要とされる数学はないでしょう。統計の基礎には、確率がありま す。学校では確率はきちんとやりますが、なぜか、基礎だけで終わってしまい、統計への 応用がおろそかになることが多いようです。

広告にしろ、官公庁の発表にしろ、統計をもとにさまざまな判断をする必要がありま す。ここでは、そんな「重要だけど、意外とおろそかにされている」統計のトピックスを 採り上げたいと思います。

統計の話で第一に注意しないといけないのが「グラフ」です。その中でもまず目盛りの 話をしてみましょう。いきなりですが、問題です。

グラフ問題 xが1のときyが1、xが2のときyが10、xが3のときyが100 でした。さて、それをグラフに描いてみてください。

いかがでしょう？　ほとんどの人は、縦軸と横軸（x軸とy軸）を同じ目盛りにしたのではないでしょうか。でも、それでは、今の問題の場合、縦軸の上の方が紙からはみ出るおそれがあります。無理矢理「100」を入れようとすると、「1」が小さくて判別不可能になってしまいます。

ではどうするかというと、縦軸を対数（log）にすればオーケー。「対数って何に使うの？」という質問が出るかもしれませんね。実は、対数というのは「桁」を取り出すマシンなんです。そのマシンに数字を入れると、出てくるのは「桁」なんです。

対数の底が10じゃないようなもの（たとえば自然対数＝ネピアの数 e を底とする対数など）を学校で教わったりするので、頭が混乱することもあるかと思うんですが、日ごろ我々が用いている数字は十進法なので、物事の本質をざっくりとつかむときには、10が底の対数（常用対数といいます）だけ考えればいいんです。すると実は、**10が底の対数というのは「桁取り出し装置」**に他ならないんですね。

つまり10のn乗のnの部分だけを取り出してグラフを描くということなんです。縦軸を対数目盛にすればいいんです。すると、縦軸は、1、10、100なので、実質的には、

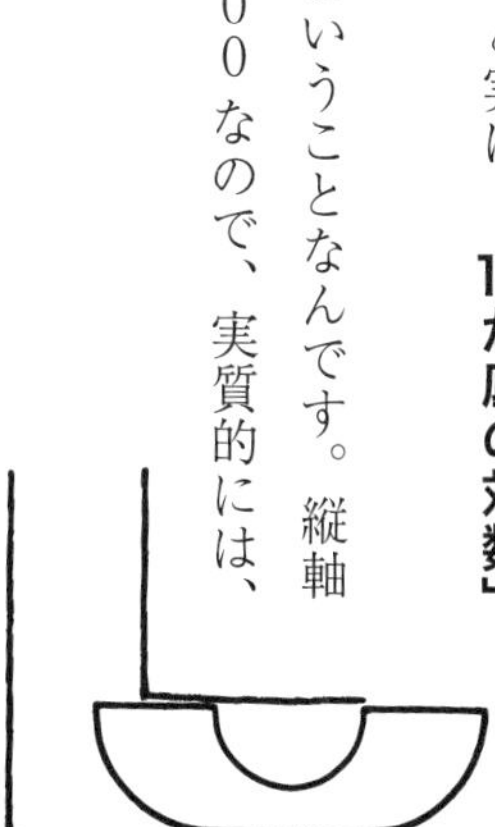

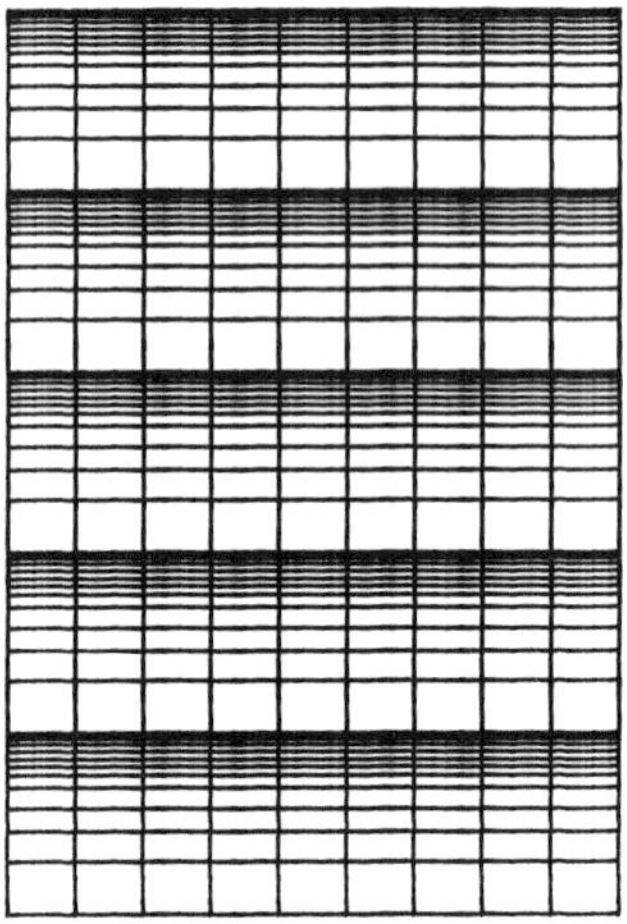

片対数方眼紙

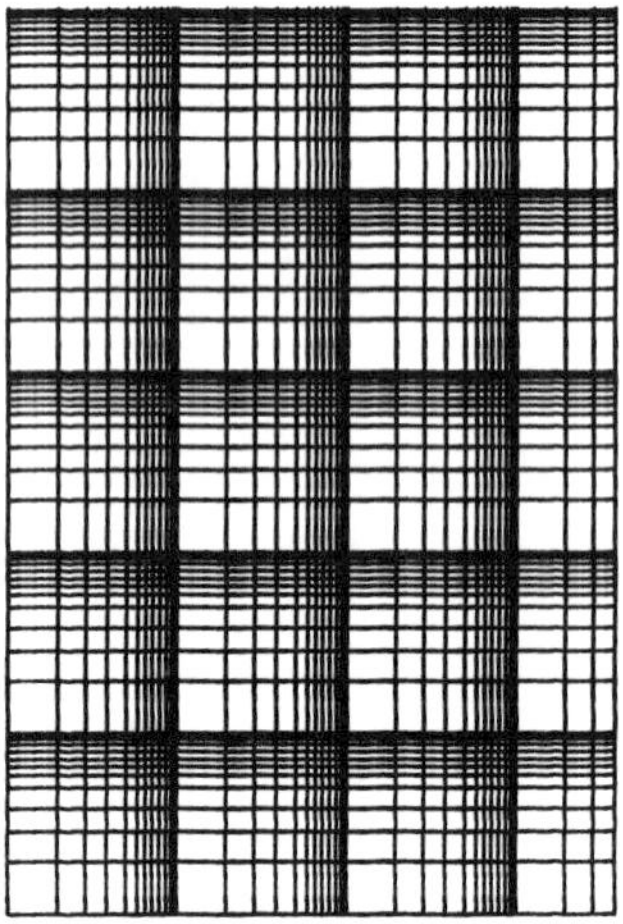

両対数方眼紙

1、2、3の目盛りと同じ幅があれば足ります。

実際、対数目盛の方眼紙は需要があるので文房具屋さんでふつうに売っています。また扱う現象によっては、x軸の方も対数にしないとグラフが描けないこともあるんです。だから片対数方眼紙の他に両対数方眼紙も売っています。

これを見ると、1、10、100の桁は等間隔の縞々《しましま》ですが、その間の細かい目盛りは等間隔になっていません。ということは、細かい目盛りを見るだけで、グラフが「対数」であることがわかるのです。

実生活での桁

ところで、なぜ、わざわざ対数をとるのでしょうか。なぜ、そのままの数字ではなく「桁」を取り出すのでしょうか。実は、自然現象や社会現象は、意外と「桁」で変化する現象が多いのです。

たとえば、身近な社会現象をあげてみると、マスコミで大反響があったりして本がものすごくよく売れてくると、初版八〇〇〇部スタートだった本がたちまち一〇万部、数十万部を突破して、一年後に一〇〇万部（ミリオンセラー）になるような現象があります。本の販売部数は「桁」で変わってくるんです。こういう現象は、身の回りにはけっこうあるんです。

自然現象も「桁」で変わることが多いですね。たとえば、地震のエネルギーがそうです。地震のエネルギーを「マグニチュード」といいますが、あれは基本的に「桁」で変化する現象なんです。桁といっても一〇倍ではなく三〇倍ぐらいでの変化ですけれども、ざっくりと桁で変動する現象ですから、マグニチュードが一つ上がると、そのエネルギーはもの

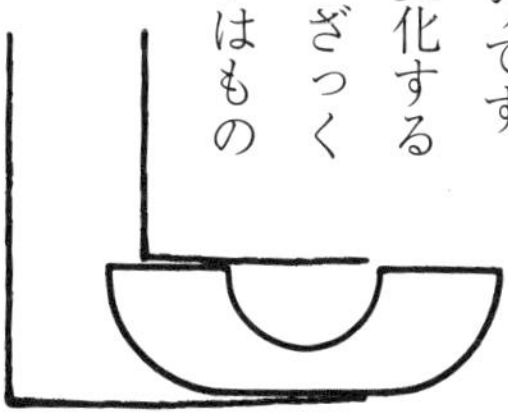

すごく大きくなるんです。

おそらく人間の一般的な感覚では、何十倍、何百倍で変化する現象のイメージを把握するのは困難だからこそ、**対数という「桁取り出し装置」を活用することで、現象の全体像を把握しやすくしているんですね**（【ポリアの教え⑬：もっと特殊化して考えてみよう】）。

偏差値の必要性

統計の話でよく出る話題として、次に「平均値」について考えてみたいと思います。

たとえば、テレビなどで「今年度の平均所得は□□です」といったニュースを耳にしたとき、統計データの分布を考慮しないと、この「平均所得」の数字というのは、全く意味をなさないんです。

テストの平均点は五〇点でした。クラスには五〇人の生徒がいます。というときに、一番極端な例としては、全員が五〇点でしたという例が挙げられます。すると分布は五〇点の所に一本の縦線があるだけとなります。

一方、ピークが二つあって、これも極端な例ですが、二五点に二五名、七五点に二五名いた場合でも平均は五〇点になります。もちろん実際の分布は正規分布（ベル型の分布）に近い山が二つになることもあるんですが。

では、「平均点とはいったい何なのか？」ということですが、実際のところ、ほとんど意味はないんです。統計データの全体像を把握するためには「平均値」だけの把握ではダメで、次のステップが必要です。

まず、「最頻値」を知る必要があります。一番頻度の高い数字はどこかというのがわかってくると、データの分布の輪郭が見えてきます。

たとえば六〇点の人が七人いて、そこが一番多かったとすると、「ああ、六〇点をとった人が多いんだな」という全体像が垣間見えてくる。でも、まだそれだけでは完全な全体像は見えてこない。

次に、「中央値」を知る必要があります。これは全体の中央、すなわち「ど真ん中」の人は何点だったかということです。ど真ん中の人は、五〇人いるとしたら二五番目と二六番目の人が何点でしたか、ということになって四〇点だったとします。すると平均点が五〇点で、クラスのど真ん中が四〇点だとしたら、だれか少数の高得点者が平均点を引き上げているということがわかってきます。こうやって、情報が一つ増えるごとに、分布の全体像が徐々にわかってくるのです。

もちろん、すべてのデータをプロットしたグラフがあれば、そこには全情報が入っていますから全体像が把握できます。しかし、データ数が膨大な時には全情報をプロットしてグラフ化するのは大変なので、まず「平均値」を求めた上で、分布がどう広がっているかということを知りたい。そこで「標準偏差」を求めるわけなんです。それはまさに、「グラフはどれぐらい広がっていますか」ということです。

ちなみに、ある人がどれくらい平均からずれているかをあらわすのが「偏差」で、全員がどれくらい散らばっているかをあらわすのが「標準偏差」です。

最初に挙げた極端な例で、全員五〇点のときの標準偏差はゼロです。偏りも広がりもありません。一方、この逆の極端な場合、たとえば半分の人がゼロ点で半分の人が一〇〇点だとしたら、標準偏差は最大になってしまいます。ちなみに入試の場面で必ず登場してくる「偏差値」は、標準偏差からきているものです。

つまり、広がりがわからない限りは自分が九〇点とったとしても、それが上位の数％に入っているのかどうかは全くわからない。もしかしたら九〇点でもビリかもしれない。だ

【偏差値の求め方】

- 各個人の偏差＝平均点－各個人の点数
- 分散＝（各個人の偏差）^{2}の合計／受験者数
- 標準偏差＝分散の平方根
- 各個人の偏差値＝10×（各個人の点数－平均点）／標準偏差＋50

から平均点のほかに全体像、すなわち、分布の広がりを把握することが重要なんです。

ところが、テレビのニュースとか新聞に出てくる数字というのは「平均値」だけで、「分布の広がり」については触れられることが少ないんです。

だから、どんな結論も導きだすことができてしまうんですね。

すでに第１章でも触れましたが、典型的な例は、平均所得（年収）です。二〇一三年度の国税局が発表した平均所得は四〇九万円でしたが、それじゃ、ほとんどの労働者が四〇九万円近くの年収を得ていたんですか？　というと、そんなことは全くない。一〇〇〇万円、二〇〇〇万円の人もいれば、二〇〇万円の人だっている。

この場合は、「最頻値」といいますか、一番多くの人が集まっている年収額はもっと低いんです。一流企業に勤めている人は平均年収よりも高いだろうし、ベンチャー企業の社長なんかで

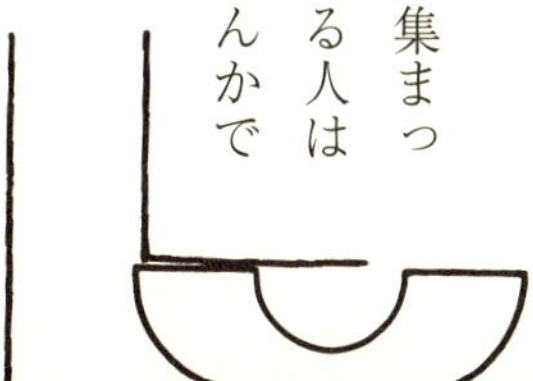

一〇億円稼いでいる人だっている……。少数の超高額所得者が引き上げていたりするから、結果的には四〇九万円。ところが、奇妙な話ですが、その平均所得の額を得ている人というのは意外と少なかったりするんです。

だから統計データを議論するときには、必ず平均値のほかに「ばらつき（広がり）」のことを知っていないといけません。統計データには、本当にいろんな意外性が潜んでいます。

その意味で、**「平均値」は最初のとっかかりにしかすぎず、必ず（最頻値、中央値、標準偏差など）を調べて、ざっくりとデータの全体像を把握することが、実態や真実に迫る上では大切**（【ポリアの教え⑲：問題に含まれる本質的な概念をすべて考慮できたか確認してみよう】）ということになるんです。

誤差の出し方

統計データを議論する際に、意外と盲点になっているのが、「誤差」計算をちゃんとしているかどうか、ということ。

たとえば、世論調査とか視聴率調査は日ごろよく実施されていますが、はたして誤差はどれくらいなんだろう？　と思っても、どこにも誤差について書かれていなかったり、書かれていたとしても、とても小さな字で書かれてあったりするんです。

実は、誤差には簡単な計算方法があります。「統計学」の教科書を調べると、ちゃんとした計算式は出ているんですが、何となく難しかったり意味がよくわからなかったりして「面倒くさいや」と敬遠されがちですよね。

物理学の実験をやっている人たちは、日頃からデータを分析しています。だから常にデータの誤差を把握しておかなければならない。グラフを描いたり、粒子の重さを測ったりするのですが、そのときの誤差はどれくらいか、ということを常に見積もらなければならない。まさにざっくりとなんですけれど、誤差の計算法には、実に簡便な方法があるんです。

たとえば、視聴率調査で、調査世帯数が六〇〇世帯（サンプル調査）だとします。それと日本全体（全戸調査）とでは当然、視聴率に差が出てくるわけですが、そのときの誤差はいったいどれくらいかというと、簡便法では、測定数の「$\sqrt{\ }$」をとるだけ！　今の場合なら $\sqrt{600}$ ということで $10\times\sqrt{6}$。$\sqrt{6}$は「似よ良く良く（二・四四九四九）」ですから、

それに一〇を掛けておよそ二四・五ぐらいの誤差になるんです。

つまり六〇〇のうちの二四・五が誤差。すると大まかに四・一％ぐらいの誤差があるということになるんです。実際には、ビデオリサーチが、厳密に誤差の計算をやっていて、「誤差は四％です」などと書いてあるんです（参考：テレビ視聴率とは番組人気度を測る指標としてビデオリサーチが関東地区、関西地区、名古屋地区で各六〇〇世帯、それ以外の地区では各二〇〇世帯、全国二七地区で計六六〇〇世帯を対象に地区ごとに調査しているものです）。いろんなときのサンプル数さえわかれば、誤差が何％かというのは、今のように平方根を取るだけの計算でできてしまうんですね。まさしく誤差は、ざっくりと計算できてしまう。この裏ワザは、覚えておくと何かと役に立ちますよ。

もちろん、ちゃんとした公式にあてはめて計算しても、この簡便法に近い値が出てくるんですが、下の桁の方の数字については、平方根をとるだけというざっくりとした計算なので一致しません。

この簡便法は実験物理学者などがデータを分析するときや、物理学科の学生が学生実験でデータを処理する際に、ざっくりと誤差を知りたいときによく使われています。ところが、こういう簡便法は、皆使っているんだけど、不思議と教科書には書かれていないんですね。

誤差の見積り

選挙のときには、決まって出口調査が実施されますが、これには意外な面があって、数百人の投票してきた人たちをつかまえて、だれに投票しましたか？ と聞くだけで、だいたい、当選者がだれになるかがわかってしまうんです。ここで威力を発揮するのが「誤差の見積り」なんです。

開票前に当選者の速報をしているテレビのニュースを見たことがあると思いますが、ちょっと不思議な感じがしますよね。

ただし、数百人のサンプルを、ランダムに取ってくることが重要です。ある特殊な地域で、サンプルに偏りがあったりすると、信憑性はなくなります。

いろんな投票所に行って、とにかく数百人分を集めてしまえば、東京都知事選ぐらいの規模の選挙では、ほぼ確実に当選結果はわかっちゃうんです。**要はサンプルをどこから取ってくるか、ということなんです。**

たとえば、サンプル数が一〇〇人だったら誤差は平方根を取るから一〇%なんですよ。たとえば、東京都知事選で舛添さんが当選したときも、次に得票数の多い人との差が一五%ぐらいあれば、「当確」が出せちゃうわけなんです。

五〇〇人の出口調査をしたとすれば、誤差は四・五%ぐらいになるので、もし四・五%以上離れていれば、ほぼ「当確」の速報を出すことができます。

だから視聴者がテレビで選挙速報番組をみていて、開票を始めたばかりなのに、何でもう当選がわかっちゃうんだ？　と疑問に思われる人もいると思いますが、実は開票前から、つまり出口調査を集計した時点で、すでに当落はわかっているんです。ただ、各報道機関がその事実を投票締め切り前に報道してしまったら、これから投票に行く人の投票行動に影響を与えかねないために、投票締め切り後でないと当落の報道はできないんです。

人間の投票行動には、「自己実現的予言」と「自己破滅的予言」の二種類があって、政治学ではよく言われていることなんですが、「あいつが勝つぞ」という状況になったとき、「この人が勝つんだから、じゃ、勝ち馬に乗ろう」と考えてそちらに投票する「自己実現的予言」タイプと、逆に、「じゃ、おれは反対に入れよう」と考える「自己破滅的予言」タイプの人が出てきて、しかもその時の政治状況に応じて、ある人が、自己実現的になるのか、自己破滅的になるのか、どちらに転ぶかは全くわからない。仮に「自己破滅的予言」タイプの人がたくさん出ると、結果がひっくり返ってしまうこともありうる。投票締め切り前に結果を報道してしまうと、公正な選挙にならないんです。

だからテレビ局は、投票締め切り前に出口調査の集計結果が漏れることのないように細心の注意を払っています。

ところが、インターネットで人気投票をやる人がいる。これは公職選挙法違反になります。まさに投票行動に影響を与えかねないからです。

ただし、インターネットによる人気投票（サンプル調査）の信ぴょう性には疑問が残ります。まずインターネットを日ごろよく利用している人という前提になりますから、年齢層や男女比率に偏りがありうる。ネットで投票している人というのは、投票行動において典型的な人たちではないという可能性があるんです。

たとえばインターネット上で、「外国人に参政権を与えてもいいと思いますか？」とか、「領土問題をどうお考えですか？」といったアンケート調査を行なうと、意外と男性の高齢者（定年している団塊の世代）の回答が多くて、新聞社などが行っている世論調査とは違った結果が出たりするんです。

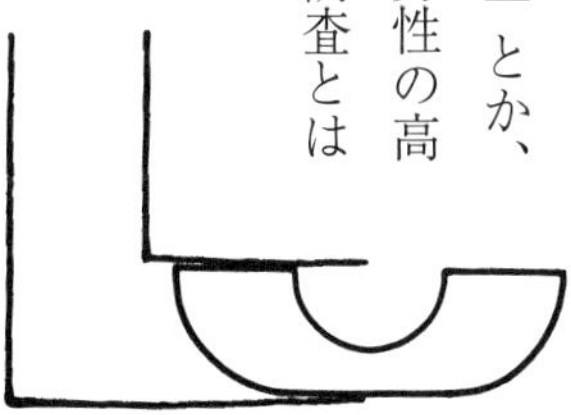

サンプル調査においては「あらゆる面においてランダムに実施できているかどうか」が重要なんです。たとえば電話調査の場合でも、平日の昼間だけの実施だと、専業主婦や定年している男性の意見が多くなってしまうおそれがある。ランダムに選んで電話をかけるところまでは確かに「ランダムサンプリング」なんだけれども、時間帯のほうもランダムにしないと偏りが出ちゃう。ところが会社員の意見も集めたいということで、夜八時以降に電話をしようものなら、仕事疲れでまともに回答しようとする気にはなれないかもしれない。

アンケート調査の結果が本当に妥当かどうかの判断は、統計学的にはとても難しいんです。結局、完璧な調査は実施できないから、**精度を上げるためには、いろんな手法を使った調査をしてみて、比べてみることが大切なんです**（**【**ポリアの教え⑱：すべての条件を使えたかチェックしてみよう**】**）。

先ほどふれた出口調査による当確報道にも、各新聞社、各放送局によって多少のばらつきがあります。たとえば衆議院選挙で集計途中で当確と報道された候補者が、集計後には落選していたりすることがありますが、これは集計途中での次点候補との得票数の「誤差範囲（エラーバー）」についての情報が不十分だったり、候補者の「地盤」による偏りがあることから起こることなんです。

内閣支持率が新聞社によって一〇%ぐらい開きのあることがありますが、これも調査世帯数や調査対象による「誤差範囲」を考慮すれば、どちらも妥当な数値であるといえるんです。**本来、数値を公表するときには、「プラスマイナス〇〇%」と誤差範囲を表記すべきです**。たとえば、物理実験で得られたデータをグラフに描くときには、必ず各データの値に「誤差範囲」を記入します。誤差範囲の記入が載ってないデータは全く意味をなしません。

ベイズ確率とはなにか

確率・統計の話の延長で、ちょっとだけ、ベイズ確率の話に触れておきましょう。あまり学校では教わらないかもしれませんが、現実世界で応用されている確率計算の多くは、ベイズ確率だったりするんです。

刻々と移り変わる「情報量」により、確率計算が変わるのが、現実世界の確率です。もともとイギリスのトーマス・ベイズ（一七〇二～六一）という牧師兼数学者が研究してい

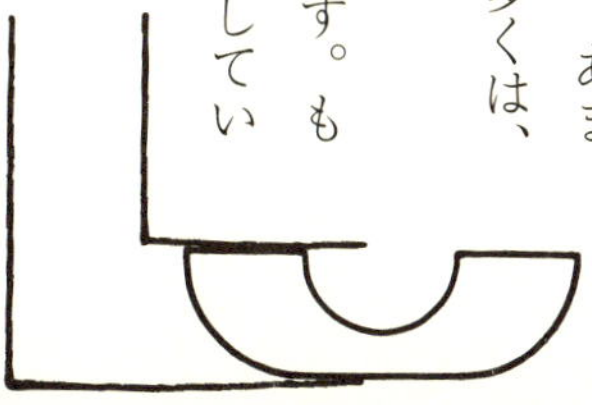

た問題なので、「ベイズ確率」と呼びます。その人間が主観的に知っている情報の量により確率計算が変わってくるので「主観確率」の一種だといえます。

現代で「ベイズ確率」が生かされている典型が、スパムメール・フィルターです。ほら、携帯やパソコンの迷惑メールを「迷惑メールフォルダー」に自動的に振り分けてくれるソフトのことです。普段あまり意識しませんが、このソフトは毎日のように新手の迷惑メールの情報を更新して、メールの中に特殊なキーワードがないか、差出人に怪しい特徴がないかなど、最新情報を駆使して確率計算をして、迷惑メールを選別してくれているのです。

その情報とはなにか。たとえば最近、キリル文字の入ってるものは迷惑メールの確率が高いとか、ある特定のワードが入っているものは迷惑メールの確率が高いというのは、日々統計を取っていると出てくるわけです。それによって、フィルターの確率の計算を日々更新するんですよ。つまり情報がアップデートされることによって、よりスパムの判定精度が高くなっていく。これが「ベイズ確率」が現代生活に使われている例なんです。

現代のような情報化社会においては、「次の一手」をどうするかが、生き残れるかどうかの分かれ目になることも多いでしょう。さまざまな可能性の中から、どれを選択するのかは、（たとえ意識していなくても、）頭の中での主観的な確率計算（ベイズ推計）によるはずです。その際、**情報量が多い人ほど、より正しい確率計算ができるわけですから、未来予測も当たりやすくなるにちがいありません**（悪い例では、株のインサイダー取引なんていうのもありますが！ **【ポリアの教え⑰：手持ちのデータをすべて活用できたか考えてみよう】**）。

ベイズ確率の例として、モンティ・ホール問題（第6章参照）をもう一度、振り返ってみましょう。初めて番組を見た視聴者の場合、しかも途中から見たせいで、いきなり目の前に二択の状況が出現しているとしたら、圧倒的に情報量が足りないので「二分の一」という計算しかできません。でも、「最初は三択だった」「モンティ・ホールは当たりがどこにあるか知っていて、ハズレの扉を一つ開けた」という詳細な情報を持っている視聴者は、「選択を変えないと三分の一で、変えると三分の二」という正しい計算ができるのです。

具体的には、回答者であるあなたがAを選んだとして、次のような詳細な情報の確率表を書きます。各扉に賞品が入っている確率は、最初は、みんな1／3で同じですよね。これを「事前確率」といいます。あなたが扉Aを選んでしまっているので、モンティ・ホールは扉Aを開けることは許されません。だから、賞品がどの扉に入っていても、モン

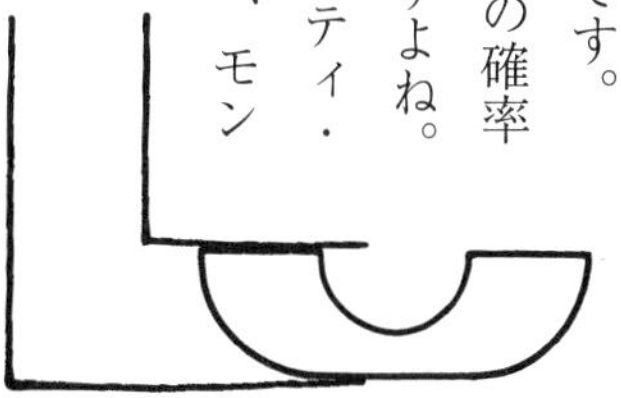

	賞品が入っている扉		
	A(1/3)	B(1/3)	C(1/3)
モンティが扉Aを開ける	0	0	0
モンティが扉Bを開ける	1/2	0	1
モンティが扉Cを開ける	1/2	1	0

ティ・ホールが扉Aを開ける確率はゼロになります。それが、最初の行に三つ並んだゼロの意味です。

次に、賞品が扉Aに入っている場合、モンティ・ホールは、五〇％の確率で扉Bか扉Cを開けます。どちらの扉でもいいので、ランダムに開けることになります。それが二つの「1／2」の意味です。

また、扉Bに賞品がある場合、あなたが扉Aを選んでいるのですから、モンティ・ホールは、一〇〇％、残った扉Cを開けることになります。それが、一番下の行の真ん中の「1」の意味です。

同様に、扉Cに賞品がある場合、あなたが扉Aを選んでいるのですから、モンティ・ホールは、一〇〇％、残った扉Bを開けることになります。それが、真ん中の行の一番右の「1」の意味です。

	賞品が入っている扉		
	A	B	C
モンティが扉Aを開ける	0	0	0
モンティが扉Bを開ける	1/6	0	1/3
モンティが扉Cを開ける	1/6	1/3	0

さて、モンティ・ホールが扉Bを開けたとしましょう。すると、表から、扉Aが当たりの確率は1／2で、扉Cが当たりの確率は1になります。しかし……ちょっと待ってください！　これだと、たしかに、あなたが選んでいない扉Cのほうが、あなたが選んでいる扉Aの二倍の確率で当たることはわかりますが、なんと、合計確率が1／2＋1＝3／2、つまり一五〇％になって、一〇〇％を超えてしまうではありませんか。どこかで計算まちがいでもしたのでしょうか？

実は、「ベイズの定理」というのがあって、この状況をうまく救ってくれるのです。ベイズによれば、一五〇％になってしまったのは、事前確率の1／3を掛けていないから、ということになります。試しに、表全体に事前確率の1／3を掛けてみましょう。

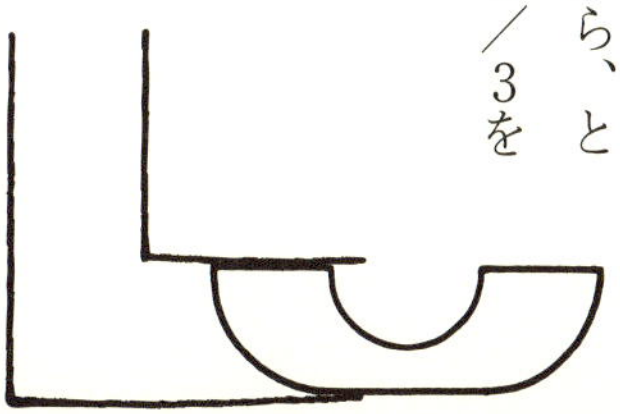

でも、これでもまだ、数字が合いません。モンティ・ホールが扉Bを開けたとして、扉Aが当たりの確率1／6と扉Cが当たりの確率1／3を足したら、今度は、1／6＋1／3＝1／2、すなわち五〇％となって、一〇〇％に足りません。ベイズの定理によれば、これをうまく基準化して一〇〇％にしてやればいいことになります。つまり、今の場合は、表の数字を二倍にすればいいのです。

これが、「あなたが最初に扉Aを選んで、モンティ・ホールが扉Bまたは扉Cを開けた場合の事後確率」の表になります。

	賞品が入っている扉 A	B	C
モンティが扉Aを開ける	0	0	0
モンティが扉Bを開ける	1/3	0	2/3
モンティが扉Cを開ける	1/3	2/3	0

この最終的な確率表によれば、モンティ・ホールが扉Bを開けた場合、扉Aの選択を変えなければ、当たる確率は1／3で、選択を変えれば、当たる確率は2／3になることがわかります。

いかがでしょう？　もう一つだけベイズ確率の例をみてみましょう。今度は、難病に罹る事前確率と、検査で陽性もしくは陰性になった場合の事後確率です。モンティ・ホール

	難病の罹患率（1%）	難病に罹っていない割合（99%）
検査で陽性	80%	10%
検査で陰性	20%	90%

	難病の罹患率	難病に罹っていない割合
検査で陽性	0.8%	9.9%
検査で陰性	0.2%	89.1%

問題と同じように確率の表を書いてみましょう。

もともと、この病気に罹る人は人口の一%です。そして、罹患している人が検査で陽性になる確率が八〇%で、罹患しているにもかかわらず検査で陰性になる確率は二〇%です。罹患していない人は人口の九九%で、病気でないのに検査で陽性になる確率が一〇%、陰性になる確率が九〇%です。

前と同じように、ベイズの定理にしたがって、一%と九九%という事前確率を表の数字に掛けてみます。

そして、ベイズの定理の後半にしたがって、横の並び、すなわち「事後確率」の合計がきちんと一〇〇%になるように規格化してやります。上の行、すなわち、検査で陽性だった場合に、難病であるかどうかの事後確率（検査後の確率という意味です）は、0.8 + 9.9 = 10.7 で割って、0.8 ／ 10.7 = 7.5%、9.9 ／ 10.7 = 92.5%となりま

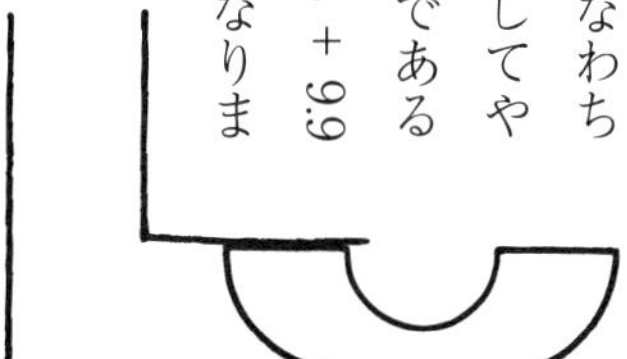

す。

また、下の行、すなわち、検査で陰性だった場合に、難病であるかどうかの事後確率は、0.2 + 89.1 = 89.3で割って、0.2／89.3 = 0.2%、89.1／89.3 = 99.8%となります。つまり、最終的な事後確率は上の表のようになります。

	難病の罹患率	難病に罹っていない割合
検査で陽性	7.5%	92.5%
検査で陰性	0.2%	99.8%

難病であるがゆえに、検査をしていない時点で、病気である事前確率は一%にすぎませんが、検査で陽性と出た場合の事後確率は七・五%になります。そもそもの罹患率が低く、また、検査が完全でないことから、仮に検査で陽性と出ても、罹患していない確率は九二・五%もあります。このように、検査で陽性と出ても、実際には罹患していない場合を「偽陽性」と呼びます。

モンティ・ホール問題と難病の検査の例でわかったことはなんでしょう。賞品のありかを知っている人がハズレの扉を開けた、あるいは、検査結果が出た、というような状況の変化（情報量の増加）の後の「事後確率」が計算できる、ということです。

確率というのは、いったん計算したらそれで決まるような静的なものではなくて、動的

なものなんです。情報量の変動によって確率の計算も常に変わってくるんです。

【註】ベイズの定理は、条件確率の表記で紹介されることが多いのですが、わかりにくいという声を多く聞きますので、ここでは表の段階的な修正という形でご紹介することにしました。確率の表は、修正前は、縦に足すと一〇〇％になっていますが、修正後は、横に足すと一〇〇％になっています。つまり、事前確率の表を事後確率の表に変換したともいえるのです。

8

ざっくり思考の落とし穴：信念体系を分析してみよう

――脱・非論理的思考でざっくりと

3×4と4×3はちがうのか

先日、さる大学に招かれて講演をしたのですが、懇親会の席で、教授の方からこんな質問を受けました。

「ウチの孫が小学校の算数で、3×4を4×3と書いたためにバッテンをもらいまして、どうにも腑に落ちないのですが……」

私はこの手の話をインターネットの掲示板やツイッターでも聞いていたのですが、半信半疑でした。まさか、そんなナンセンスが現代日本でまかり通っているとは、信じられなかったのです。でも、この教授のお孫さんは、実際に小学校でバッテンをつけられてしまったのですから、やはり事実なのでしょう。

その小学校の算数の問題は、

「一つの籠にリンゴが三つずつ入っています。籠が四つあったら、リンゴは全部でいくつあるでしょう」

という内容です。正解は3×4＝12。教授のお孫さんは4×3＝12と書いて「まちがい」

と断じられてしまったのです。

日本語では、リンゴが三つ入ったまとまりが四個あるので、3×4と考えるのがふつうかもしれません。でも、英語圏では、同じ問題を4×3と計算することが多いのです。なぜなら、英語で「4 times 3 is equal to 12」というときには、「三つの塊が四重に存在する」というような感覚だからです。私はむかしニューヨークの小学校でこう教わりましたし、英語圏の教科書でも確認しました。

万国共通のはずの算数なのに、言語によって正解と不正解が分かれるのではたまりません。いったい、どちらの流儀が正しいのでしょう。

たしかに、言語には「クセ」がありますから、文章題を数式に変換する際に、ある程度の順番が決まることはあるでしょう。でも、数学の立場からは、そもそも、整数の掛け算は、「交換可能」な演算なのです。交換可能とは、「掛ける順番を変えても答えは同じ」という意味です。交換可能なのですから、3×4と書いても、4×3と書いてもいい。12という答えが合っていればよろしい。それが論理的な思考というものです。

教授のお孫さんが小学校で4×3と書いたとき、教師はどう指導すべきだったのでしょう？　論理的には3×4も4×3もともに正しい。でも、おそらく日本語の発想に引っ張

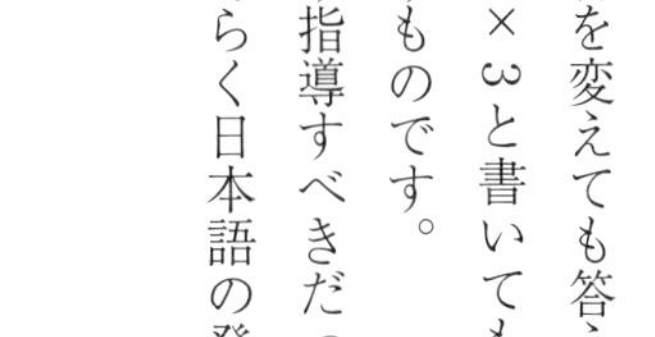

られて、ほとんどの生徒は、3×4と書いたにちがいありません。だとしたら、4×3という回答は、独創的なのです。頭の中で、「まず籠が四つある。それぞれの籠にはリンゴが三つ。だから4×3＝12」と考えたのでしょう。先生は、この発想を咎めるのではなく、褒めるべきだったのです。

「ほお、みんなと順番が逆だけど、それでもいいんだよ。あなたが大きくなって、もっといろんな算数を学んだら、順番を変えると答えが同じでない、なんてことも出てくるかもしれない。でも、掛け算は、順番を変えてもいいんだ」

と、指導すべきだったのです。

実際、引き算の3－4と4－3は順番を変えることができませんよね。あるいは、回転を扱う数学もそうです。深入りはしませんが、それこそ、サイコロを前に転がしてから右に転がすのと、右に転がしてから前に転がすのとでは、出る目がちがってきます。だから、「回転」という数学的な演算も順番が交換できないんです。さらには、物理学の量子力学で使われる数学でも、座標xと運動量pの掛け算において、x×pとp×xは同じになりません。考え方によっては、整数の掛け算のように交換可能な場合のほうが例外だともいえるのです。

とにかく、「4×3はまちがい」という、とんでもない指導が、日本の小学校でまかりとおっていることは、嘆かわしいとしかいいようがありません。手厳しいようですが、掛け算の順番については、インターネットでも、小学校の先生が「順番は大切」と非論理的な反論をしていたりして、まずは先生に数学を教え直さないといけない危機的状況だといえます。みなさんの回りに、そのような先生がいたら、どうか、この文章を読ませてあげてください。

先生はおそらく、指導書に書いてある計算の順番でないと「まちがい」だと決めつけてしまったのでしょう。自分でじっくりと考えずに、アンチョコに頼ったのだと思います。その結果、非論理的な思考に陥り、生徒にまちがった指導をしてしまった。印刷されているからといって、それだけが正解だとはいえません。非論理的な思考は、惰性から生まれることもあるのです。**誰かから「おかしいのでは？」と指摘されたら、まずは、自分の頭で考える習慣をつけてもらいたいものです**（【ポリアの教え⑲：問題に含まれる本質的な概念をすべて考慮できたか確認してみよう】）。

レーシック手術は危険か

二〇一三年一二月、消費者庁が「レーシック手術を受けた人の四割が不具合を訴えている」と発表して大騒ぎになりましたが、この発表に対して、レーシック手術をしている眼科専門医たちは声明文を出し、消費者庁の実施した統計調査の問題点を指摘しました。

実は、私は先日、消費者庁消費者安全課長のSさんと直接、お話をする機会があり、このアンケートについて伺ってみました。その結果、このアンケートの非論理的な側面が浮き彫りになってきました。

まず第一に、このアンケートで返答した六〇〇人は、「あなたはレーシック手術を受けたことがありますか」という問いに「はい」と答えた人々だという点です。よろしいですか？　自己申告なのです。実際にレーシック手術を受けた患者さんへの追跡調査ではないのです。私が驚いて「じゃあ、この六〇〇人がレーシックを受けた証拠はないんですか」と訊ねると、Sさんは「実際に目を見て調べたわけではありません」と、言葉を濁しました。これをもっと論理的な言葉に翻訳すると「アンケートに答えた六〇〇人が実際にレーシックを受けたかどうかはわからない」という驚くべきことになります。

次に、このアンケートが「インターネット調査」だったことが問題です。世論調査などの場合、調査対象に偏りが出ないように、無作為に選んだ電話番号で調査をしますし、選挙の出口調査の場合も、特定の候補の地盤だけに偏らないように慎重に調査対象を選びます。もちろん、年齢や性別の偏りも避けなければなりません。そして、インターネットは、かなり、偏りが出やすい媒体なのです。インターネットは、ツイッターにせよ、各種掲示板にせよ、匿名でウソをつく人々がいるのが一つの特徴です。便利ですぐに調査結果が出る反面、偏った意見ばかりが集まる危険をはらんでいます。実際、インターネットには、「芸能人がレーシックで失明した」というようなウソがたくさん流れています。

私が、この二点の問題点を指摘すると、Sさんは、「信頼できる調査会社に頼んだので……」と、ふたたび言葉を濁しました。残念ながら、またもや非論理的な発言です。そもそも、レーシック手術を受けたかどうかわからない「インターネットの自己申告」の人々を集めてアンケート結果を集計している時点で、「信頼できる」とはいえないからです。調査の大前提である、「レーシックを受けた人々」という部分が、崩れているのです。

ふだん、比較的論理的な数字を扱っているせいか、この「お粗末」な調査結果が原因で、マスコミが大騒ぎとなった事態に、私は日本という国の「数学リテラシー」が危機的な状況にあることを、あらためて実感しました。

アメリカではレーシックは軍隊で推奨されていて、陸軍・空軍・海兵隊で軍人にどんどん受けさせています。なぜなら、砂漠で戦争をしたときにコンタクトレンズの兵隊さんは、使いものにならなかったからです。砂が目に入ったとき、コンタクトがあると取りづらくなる。またメガネの人も暗視ゴーグルの装着がしづらいんですね。結局、裸眼で行動できる兵隊さん以外は戦闘に支障が出たという経験から、アメリカ軍ではレーシックを推奨しているのです。

今、アメリカでは年間二〇〇万人がレーシック手術を受けていて、ごく普通の手術になっています。ところが日本では、レーシック手術は年間二〇万件。多いじゃない？　と思われるかもしれませんが、アメリカの二〇〇万件に対して日本の二〇万件です。同じ手術で、使っている器具も同じなのに日本では一〇分の一です。しかも、インターネットで「芸能人がレーシックで失明した」というようなウソが流布されていることもあり、日本でレーシックを受ける人の数は、数年前の半分にまで減ってきているのです。

なんでも「ざっくり」でいいわけではない

この本では「まずざっくり考えてみること」の大事さについて話してきましたが、「ざっくり考えてみる」ことと、「前提条件がざっくりしている」こととはまったく違います。さきほどのレーシックの話だと、第1章でシカゴのピアノ調律師の人数を出したのと同じような方法で、フェルミ推定を使って「ざっくり」レーシック患者の人数を出すことはできるでしょう。でも、「アンケートを取った人がレーシック患者かどうかわからない」では、前提条件が間違っていて、まったく違った計算結果が出てしまう可能性があるのです。第7章で、インターネット上でのアンケート調査は新聞社などが行なう世論調査と違った結果が出ることがある、とお話ししましたよね。今回の話も、まさにそれです。調査対象の世代も限られているし、レーシック反対派の人が、手術を受けてもいないのに回答しているかもしれないですよね。でも、こうやって出されたデータを、みんな信用してしまって、大騒ぎになる。マスコミ自体に数学リテラシーがなくて踊らされてしまっているのか、意図的に世論を煽っているのかは、わかりませんが……。

だれしも無自覚に不確実なデータを発信してしまうことはありますが、意図的にやれば、それは立派な情報操作です。「このデータは間違っているかも」と考えるのは、人を疑うようであまり気分がよくないかもしれませんが、数字を見る際には、頭の片隅に入れておいたほうがいいかもしれません。もちろん、自分が情報を発信する側に立つ場合は、意識するといいでしょう。「ざっくり情報を集める」ことは、この本ですすめている「ざっくり」とは似て非なることなのです。

3×4と4×3の違いのところでは、誰かから「おかしいのでは?」と指摘されたら、まずは、自分の頭で考える習慣をつけてもらいたいと書きましたが、一歩進んで、**だれからも指摘されなくても、自分の頭で考える習慣をつけると、さらに論理的な思考が身につくと思います。**

日本人の深層心理

ざっくりの話からは少しそれますが、レーシックの患者数の話が出たので、ちょっとアメリカと日本を比べてみましょう。

アメリカ人は合理的に、ある程度のリスクはあっても、成功率何%ということを意識しながら実行に移します。一方、日本人の多くには、合理的な発想が通用しない傾向があります。日本人の思考の根底にあるのは「論理」ではなく「気持ち」なのかもしれません。その「気持ち」は、アメリカ人の「気持ち」とは違います。アメリカ人は「科学的合理性」でうまくいくものは取り入れるという「気持ち」をもっていますが、日本人の「気持ち」はそれとは違います。

私は、このレーシックの事例で指摘したさまざまな問題は、日本人の「医療技術全般に対する考え方」＝「宗教観」に通じるものと解釈しています。

といっても、日本人の大多数は無宗教ですので、従来の宗教ではなく、心底で信じている何かの問題なんです。それも漠然と信じている、深層心理にあるもの。無意識にその人の行動を支配している、行動規範のようなもの。

それは日本人の場合、「自然崇拝」にほかなりません。八百万《やおよろず》の神、どこにでも神がいるというアニミズムの世界。山、川、海、すべてが神様という考えですね。日本人の心には、生まれながらにして、神話（古事記・日本書紀）の世界が刻み込まれている。日本人の判断基準はそこにある。

自然と親和性のあるものについては、心から受け入れますが、自然と親和性のない、たとえば科学技術については、条件つきでしか受け入れられない。その条件とは「絶対に安全で、リスクゼロ」。

原発もリスクゼロじゃないとダメなんですね。だから地域住民の方を説得するときに、エンジニアから、絶対に事故は起こりませんという言質をとれないと、稼動させない。エンジニアたちは「絶対安全なんてありえない」とわかっていても、最終的に、住民説明会では「絶対安全です」と言わざるをえない状況に追い込まれてしまう。

すると、事故が起きたときには「絶対安全といったのに、あなた方はウソをついた」という話になる。そして「そんなもの、やめてしまえ」となる。最初からだれも原発を心から受け入れてはいないんです。ただ「完全に安全、リスクゼロである限り」は、とりあえず許容してやろうという考えしかもっていない。だれも、これはいい技術である、人類の進歩である、とは考えていない。

レーシックも、お医者さんからすると完全に確立された医療技術ですが、親からもらった体に傷つけること自体がダメなんです。「自然の状態ではないようにする」ということが受け入れられない。リスクゼロであれば、許されます。ところが、一人でもレーシックで不具合を訴える人がでたら、日本ではもうアウトなんですね。そこがアメリカとは発想が全然違います。

そうやってみると、日本人にとっては、自然が神だから、その自然状態から逸脱すると見なしたものは、基本的に受け入れられない。どうしても受け入れざるをえないときは「リスクゼロ」を求める。「リスクゼロ」が維持されている間は、本心では嫌だなと思いつつも許容していますが、一件でも事故が起きた瞬間、もうやめるべきとなる。

日本特有の非論理性を論理的に分析すると、今述べたことが、一つの可能性として浮上してくるんです。

日本人の科学技術への考え方

もう少し分析を続けましょう。

日本では、科学雑誌がアメリカの一〇分の一しか売れないことからも、日本人は科学技術を心底からは信じていないことがうかがわれます。それに対して、アメリカ人は心底から科学技術を信じています。

またJAXAの科学研究費は、NASAの一〇分の一です。GDPが三分の一だから科学研究費予算も三分の一なら理解できますが、現実には一〇分の一。ロケットや飛行機を飛ばすということが本当に必要だと思っていないからこのようなことになっているのでしょう。日本では、過去に日の丸ロケットが失敗したとき、「やめてしまえ」というものすごい報道バッシングがありました。

では、「はやぶさ」は何であんなに人気が出たのか？――それは皆がはやぶさを「機械」ととらえていないからです。一時通信が途絶えたのにもかかわらず、何とか復活して無事に帰還した英雄。まさに擬人化された存在。擬人化できるものを日本人は好むんです。

ロボットの世界もかわいいロボットは受け入れられます。宇宙飛行士の若田さんとしゃべる「キロボ」のようなヒューマノイド型ロボットは、産業用ロボットとは全く違った世界なんです。日本のロボットに対する政府予算の大半は、ヒューマノイド型に行ってしまう。産業用ロボットは製造現場で大いに役に立っているのにもかかわらず、かわいいロボットの開発の方に多くの予算がつくんですね。日本人は擬人化できるものに関するテクノロジーには好意的で、産業用ロボットは怖い存在というイメージをもっていて予算があまりつかない。

数学リテラシーと信念体系

今までお話ししてきたことを総合すると、「数学リテラシーが危機的な状況になっている」ということと、「論理性よりも自分の気持ちが優先されることがある」ということの二つにまとめられると思います。気持ちより論理性を優先すべきだといいたいわけではないですし、ましてやそれを数学リテラシーがないせいだといいたいわけでもありません。確かに、数学リテラシーを身につければ、得することはいっぱいあると思います。でも、人間である以上、どうしても心理的に受け入れがたいものはありますよね。**「考える」ことの根底には、「信念体系」のようなものがあるので、それを常に意識していると、話が通じないときには、この人と話が通じないのは論理レベルではなくて、その下にある「信念体系」が違うから相容れないんだと解釈できるようになります。**そういうときはしようがないので、相手とは「住んでいる世界が違う」から自分とは違うことをいっているんだ、と捉えることが、相手の理解への第一歩になります。

お互いに住んでいる世界が違うことを理解し合えれば、共存できるはずです。ところが世の中はなかなかそうはうまくゆきません。自分たちの考え方（信念体系）を相手に押しつけようとするから、宗教戦争のような対立が起きてしまうんです。

だから解決の第一歩は、まず自覚することです。自分の信念体系とは何だろうか、自分のルーツはどこにあるのか。幼少の頃、どのような宗教的儀式に参加していたか。お寺にばかり行っていたのか、神社が多かったのか、あるいはキリスト教会に行っていたのか、モスクの礼拝に通っていたのか。あるいは、幼稚園はミッション系の幼稚園だったのか。また、そのような環境の下で、それを信じている先生がいて、友達がいて、という状況があると、自分もある程度、感化されます。だから、まず自分がどういう信念体系をもっているのか、自己分析してみると、自分の傾向がわかってくるはずです。それが非論理的思考と向き合うための第一歩だと思うのです。

非論理的思考というと、一見、数学的な考え方とは関係ないように見えますが、その向き合い方も、結局は「問題を理解すること」の一つですよね。自分の信念体系に照らし合わせて条件の中身を切り離してみる（**【ポリアの教え④：条件の各部分を分離してみよう】**）ことで、ここは譲れる部分、譲れない部分、と分類していって、相手と折り合いをつけることができるかもしれません。そのときに数学リテラシーがあれば、ただの押し付けを防ぐ手助けになるかもしれません。人付き合いは「ざっくり」とはいかないものですが、分析が大事なのは一緒ですね。

おわりに

うーん、この本を書き終えて、やはり私には、半世紀の重みをもつポリアの名著の続々編は、少々、荷が重かったように感じています。

でも、これが、半世紀を生きてきて、現時点でたどりついた、竹内薫の「ざっくりと」した思考法なんです。

私は、テレビの司会をするときも、ラジオでしゃべるときも、連載原稿を書くときも、討論や会議で発言するときも、常に「ざっくりと」計算しながら生きています。

二〇一四年三月までＮＨＫの「サイエンスＺＥＲＯ」という科学番組で共演していた中村慶子アナウンサーから、あるとき、こんなことを言われました。

「竹内さんは、台本を言葉ではなく意味で憶えているんですね」

私はアナウンサーでもなければ、（同じく共演している南沢奈央さんのように）俳優でもないので、実は、台詞をきちんと憶える技能を持ち合わせていません。それでも、司会をやっている以上、常にフリートークばかりでいいわけじゃありません。要所要所で、どうしてもしゃべらなくてはいけない台詞があります。その場合、私はざっくりと意味が同じになるようにしゃべっているんですね。

もちろん、中村さんや南沢さんみたいに、台本の言葉をきちんと再現した上で、フリートークもできるのが理想です。でも、しゃべることが専門でない私のようなおじさんでも、ざっくりとやることで、他の「できる」共演者たちについてゆくことができちゃうんです。

あらゆる職種においていえることですが、自分が厳密にできないからといって、あきらめる必要はありません。発想を転換して、ざっくりとできないか、考えてみると、意外に道が開けることがあるのです。

さてさて、この本の最後に、他人や他の生き物の目線になる、という遊びをご紹介したいと思います。もちろん、厳密に自分以外の生き物になることはできませんから、あくまでもざっくりと、相手になった気分になる、ということです。

といっても、別にたいしたことじゃありません。私は野鳥撮影が趣味なのですが、よく、「あの枝に留まっているトリさんになったらどうだろう？」と妄想します（笑）。小鳥の気持ちにならないと、次の動作が読めないからです。このまま、しばらく枝に留まっているのか、それとも、飛び立つのか。私は、小鳥が飛び立つ瞬間を撮影したいのですが、そのためには、相手の気持ちにならないとダメなんです。

ちなみに、鳥はスゴイ目をしていることをご存じですか？　彼らは、われわれとちがって、四原色の世界に生きています。ふつうの色のほかに紫外線が見えるんです。だから、われわれが気づかない、花の「紫外線模様」が見えたりします。鳥の目線になると、世界の見え方まで変わってきます。

この方法は、人間にも使えます。奥さんや旦那さんや息子さんや娘さんの目線になってみる。お客さん目線になってみる。上司や部下の目線になってみる。本当にざっくりとでいいんです。相手の気持ちや立場を推し量ることにより、これまで見えなかったものが見えてくることがあります。

ふう、これでおしまい。竹内流のざっくり思考術、いかがだったでしょうか。世の中のあらゆる場面で、数学的に考えるメリットはたくさんあります。そして、(最終的には厳密にしないといけない場合でも、)まずは、ざっくりと計算してみる、推定してみる、というのが実用的なのです。

丸善出版の小林秀一郎さん、中村和美さん、菊地淳美さんには、本書の企画から出版までお世話になりました。ここに記して感謝の意を表したいと思います。

読者のみなさま、本書を最後までお読みいただき、ありがとうございました。また、どこかでお目にかかれることを祈っております!

竹内　薫

二〇一四年三月

数学×思考＝ざっくりと
いかにして問題をとくか

平成26年4月30日　発　行

著作者　竹　内　　薫

発行者　池　田　和　博

発行所　丸善出版株式会社
〒101-0051 東京都千代田区神田神保町二丁目17番
編集：電話(03)3512-3264／FAX(03)3512-3272
営業：電話(03)3512-3256／FAX(03)3512-3270
http://pub.maruzen.co.jp/

DTP作成・斉藤綾一
印刷・富士美術印刷株式会社／製本・株式会社 松岳社

ISBN 978-4-621-08819-7　C0041　　Printed in Japan

いかにして問題をとくか

G. ポリア・著／柿内賢信・訳

ISBN 978-4-621-04593-0

定価（本体 1,500 円＋税）

ビジネスでも応用可能！　すべての問題解決のヒントがここに。1954 年に初版を刊行してから半世紀以上、数学的思考法の指南書として読み継がれてきた不朽の名著。数学の世界だけでなくビジネスや社会問題の解決にも応用できる。

いかにして問題をとくか 実践活用編

芳沢光雄・著

ISBN 978-4-621-08529-5

定価（本体 1,400 円＋税）

これからポリア『いか問』を読もうとしている人、『いか問』がどのように“実社会で役に立つ”か今ひとつ分からなかった人に向けて、芳沢先生ならではの語り口で、具体的に身近な適用事例を数多く取り上げて解説する実践活用法。

ポリアの教え 25 箇条

ステップ 1「問題を理解すること」

① 未知のものは何か探してみよう
② 条件を満足させうるか考えてみよう
③ 適当な記号を導入して図を描いてみよう
④ 条件の各部分を分離してみよう

ステップ 2「計画を立てること」

⑤ 前にそれを見たことがないか思い出してみよう
⑥ 似た問題を知っているか思い出してみよう
⑦ 役に立つ定理を知っているか思い出してみよう
⑧ 未知のものの詳細をじっくり見てみよう
⑨ 似た問題で既に解いたことのある問題を活用できないか考えてみよう
⑩ 問題のいいかえができないか考えてみよう
⑪ 迷ったら定義に返ってみよう
⑫ もっと一般化して考えてみよう
⑬ もっと特殊化して考えてみよう
⑭ 類推できないか考えてみよう
⑮ 問題の一部分だけでも解けないか考えてみよう
⑯ 条件の一部だけ残して他を捨てて未知の部分を浮かび上がらせよう
⑰ 手持ちのデータをすべて活用できたか考えてみよう
⑱ すべての条件を使えたかチェックしてみよう
⑲ 問題に含まれる本質的な概念をすべて考慮できたか確認してみよう

ステップ 3「計画を実行すること」

⑳ 解答の結果を実行に移す前に各段階を今一度検討してみよう
㉑ 各段階が正しいかどうか再確認してみよう

ステップ 4「ふり返ってみること」

㉒ 結果を試してみよう
㉓ 議論を試してみよう
㉔ 結果を別の方法で導けないかどうか考えてみよう
㉕ 他の問題にその結果や方法が応用できるか考えてみよう

（※G. ポリア『いかにして問題をとくか』の見返しに印刷されている内容を編集部でわかりやすいようアレンジして 25 項目にわけたものです。本書では【ポリアの教え①～㉕】の中から該当するものを適宜文中に明記しています）

■ 竹内式・実践で役立つ「ざっくり思考」の4パターン ■

1「ざっくりと絵やグラフにしてみる」

・文字ではわからなかった問題の本質が見えることがある

【事例】プレゼンや結婚式など、急に人前でしゃべらなくてはいけなくなって心細い
⇒ざっくりと、しゃべる内容を絵やグラフにしてみる（全部書いて読むのは恰好悪い。箇条書きでもいいが、絵の方が多面的なので臨機応変に話せる）

2「ざっくりと仮説をたくさんあげてみる」

・仮説が少ないと間違った答えしか出てこない

【事例】身内が病気になったが病院で原因不明といわれて困っている
⇒より多くの仮説を検討してくれる病院にセカンドオピニオンをもらいにゆく（優れた医師は、患者の症状に合う仮説をたくさん用意し、検査で仮説を絞っていって診断につなげる）

3「ざっくりと桁で憶えてみる」

・数学が得意な人ほど、まずは桁で問題の本質を把握し、それから細かい計算を詰めてゆくことが多い

【事例】会議などで、いきなり数字を訊ねられて慌てた
⇒ざっくりと、桁で答えてしのぐ（「細かい数字は後ほど資料でお渡しします」と伝える。ふだんから桁だけ頭に入れておけば答えに窮することがない）

4「ざっくりとデータの分布や誤差を推定してみる」

・調査データには、必ず分布や誤差がある

【事例】セールスマンが平均の数字を出してきた
⇒元になった調査や誤差について詳しく訊ねる（平均では何もわからない。ふだんからデータの分布や誤差を意識していると数字に騙されない）